빅지니어스:

천재들의 기상천외한 두뇌 대결

빅지니어스:

천재들의 기상천외한 두뇌 대결

김은영 지음

마음의숲

천재들의 삶을 안다는 건

만약 내가 책을 쓴다면 소설책이거나 영화 시나리오일 것이라고 생각했다. 그런데 전혀 생각지도 못했던 '과학책'을 생애 첫 책으로 출간하게 되었다. 하지만 연관성도 있다. 사실 알고 보면 이 책은 과학책이기도 하지만 천재들의 숨겨진 인생 이야기이기도 하니까. 사람의 인생이야말로 '각본 없는 드라마'가 아니던가. 그런 의미에서 이 책은 그동안 내가 쓰고자 했던 소설이나 영화, 드라마와 같은 선상에 있을지도 모르겠다.

사람들은 천재를 동경한다. 같은 1등이라도 열심히 의자에 앉아 공부한 1등보다 남들처럼 잘 것 다 자고, 놀 것 다 놀고도 1등을 하는 사람을 더 부러워한다. 노력만으로 얻는 성과가 아닌 나와 다른 '천부적인 재능'에 열광하는 것이다.

그렇다, 천재는 타고났다. 천재들은 어린 시절부터 정말 남다르다. 비범하고 영특하다. 하나를 가르치면 열을 깨우친다. 우리가 사랑하는 아인슈타인이 그렇고 뉴턴이 그렇고 스티븐 호킹이 그랬다. 우리는 이런 천재들을 향해 늘 찬사를 보내고 부러워하며 내 자식이 이런 부류이길 희망하기도 한다.

그렇다면 이들의 인생은 어떠했을까? 수많은 천재의 업적으로 인류의 역사는 발전해왔다. 하지만 그 업적과는 달리 천재들의 말로는 좋지 않았다. 많은 이가 부귀를 누리거나 존경받지 못했고 행복한 가정생활을 꾸리거나 다복한 노년을 맞이하는 일 또한 드물었다. 오히려 많은 난관 속에서 고생하다가 큰 병에 걸렸고, 정신병에 시달리기도 했으며 어이없는 죽음을 맞이하기도 했다.

천재 수학자 쿠르트 괴델은 의심 속에서 음식을 거부하다 영양실조로 사망했다. 지동설을 밝힌 천문학자 요하네스 케플러는 스승인 튀코 브라헤를 독살했다는 누명을 썼다. 그의 누명은 400년 후인 2010년경에 이르러서야 비로소 벗겨졌다. 케플러의 말년도 좋지 않았다. 그는 천연두로 아내와 아들을 잃고 가난에 허덕이다 결국 낯선 도시에서 쓸쓸한 죽음을 맞이했다.

제2차 세계대전 당시 독일군의 암호를 해독해 수많은 목숨을 살린 영국의 천재 과학자 앨런 튜링은 어떠한가. 그는 당시 불법으로 규정된 동성애 행각이 발각된 후 수감 대신 화학적 거세형을 선택했고 얼마 후 스스로 목숨을 끊었다.

뛰어난 재능은 인생살이에 오히려 독이 되기도 했다. 수학자 에바리스트 갈루아는 너무 뛰어난 수학 실력으로 인해 풀이 과정을 적지 않고 답을 제출해 대학 시험에 낙방했다. 원하는 대학에 들어가지 못한 갈루아는 방황하다 젊은 나이에 거리에서 총을 맞고 사망했다. 토머스 에디슨과 명승부를 펼친 전류 전쟁의 주인공 니콜라 테슬라 또한 너무 뛰어난 '두뇌'가 문제였다. 김나지움(독일의 국립중학교 과정) 재학 당시 적분학 시험 문제를 오직 암산으로 풀었다가 부정행위를 저질렀다는 오명을 쓰기도 했으니까 말이다.

천재들의 이야기에 관전 포인트는 또 있다. 경쟁자에 대한 이야기다. 역사적으로 여러 천재에게는 또 다른 천재가 호적수로 등장한다. 아인슈타인에게는 닐스 보어가, 라이트 형제에게는 새뮤얼 랭글리가, 뉴턴에게는 라이프니츠가 호적수였다. 이들은 선의의 경쟁을 하기도 했지만 상대방의 인생을 무너뜨리기도 했다. 당사자들에게는 괴로운 일이었겠으나 천재들의 경쟁은 결과적으로 인류에게 수차례 큰 공헌을 했다.

트랜지스터를 발명한 월터 브래튼, 존 바딘과 경쟁해 더 좋은 트랜지스터를 개발한 윌리엄 쇼클리의 경우가 그렇고, 에디슨과 싸워 이긴(?) 테슬라의 교류전류 덕분에 인류는 현재 편리하게 전기를 사용하고 있다. 현대에 이르러서는 일론 머스크와 제프 베이조스가 사이좋게 우주를 두고 통 큰 경쟁을 하고 있다. 괴짜 천재들이면서 세계 최고의 부호들이 벌이는 우주 탐사를 지켜보자면 이들의 경쟁이 앞으로 우리에게 어떤 영향을 미칠지 흥미진진하다.

천재들의 생을 따라가다 보면 위대한 업적 뒤에 숨겨진 다양한 모험과 삶의 여정이 극적으로 펼쳐진다. 그 속에는 그 어떤 드라마나 영화

못지않은 인생의 희로애락이 담겨 있다. 과학을 좋아하지 않는 사람들도 이 책을 즐기는 사이 점점 과학 지식이 늘어나도록 역사적으로 중요한 사건과 인물을 선별하고, 이를 더 쉽고 재미있게 전달하기 위해 고민하고 또 고민했다.

아마추어의 실력으로 주인공들의 얼굴을 한 땀 한 땀 그리는 작업 또한 쉽지는 않았다. 그렇게 2년여 넘는 긴 시간이 흘렀다. 고통스러울 때도 있었지만 그래도 보람차고 의미 깊은 시간이었다.

이 책에는 수많은 천재가 서로 경쟁하며 남긴 화려한 업적 뒤에 가려진 인생 드라마가 담겨 있다. 이 책을 통해 천재들의 파란만장한 삶의 여정을 곱씹어보며 과학을 즐겼으면 한다. 엄마와 아빠가 함께 읽고 아이에게 권해줄 수 있는 교양 과학책이 된다면 더 바랄 나위가 없겠다.

2022년 서늘한 바람이 반가운 가을 문턱에서

김은영 ***에르반의 고양이*** 드림

추천의 글

과학의 문턱이 높다고 느낀다면 과학자를 먼저 살펴보는 것도 좋겠다. 과학자는 과학을 실행하는 주체기도 하지만 희로애락을 갖고 있는 한 인간이기도 하다. 한번쯤 들어봤을 것 같은 과학자들뿐 아니라 잘 알려지지 않은 숨은 과학자들의 면면도 볼 수 있다. 이 책은 말하자면 독자들이 과학자를 통해서 과학의 경이로움을 만끽하도록 도와주는, 과학의 시대를 누리는 가이드북이다. 과학자를 통해 과학을 만나자.

- 이명현 천문학자

급하게 이메일을 확인해서 추천사를 적을 수 있을까 고민했지만 막상 책을 펼쳐보니 이는 기우였다. 이 책은 넷플릭스 드라마 시리즈보다 훨씬 흥미롭다. 하루에 하나씩 에피소드를 읽으려고 했는데 하루 만에 다 읽었다. 과학기술의 발전은 위험하지만, 위험을 걸 만큼 의미 있는 모험과 스릴로 가득 차 있음을 다시 한번 상기할 수 있었다. 여러 번 읽어도 지루하지 않을, 몇 권 안 되는 과학기술 책이다.

- 원광연 KAIST(한국과학기술원) 명예교수·건양대 의료인공지능학과 석좌교수

일단 재미있다. 오늘날 많은 사람이 과학을 배우고 연구해 과학은 우리 일상에 깊숙이 들어와 있다. 이제 과학은 현대 기술 문명과 부의 원천으로 인류의 미래를 좌우한다. 이러한 과학기술의 비약적 발전은 범상한 창의력으로 중요한 과학적 발견을 이룬 많은 과학 천재 덕분이다. 하지만 우리는 세상을 바꾼 과학 발견에 대해서는 많이 배웠으나 정작 이를 이룬 사람들에 대해서는 제대로 알지 못한다.

이 책은 자연에 관한 탐구와 사고를 즐기고 몰두해 큰 발견을 이룬 사람들의 이야기이자 드라마다. 과학 천재들의 열정과 패기, 타고난 재능, 끈기와 노력, 도전과 모험으로 중요한 과학 발견을 이루는 과정을 쉽고 친근하게 설명한다. 자연과 대화하고 몰입하고, 동료와 협력하고 때로는 경쟁하며 세상과 소통하는 우리와 같은 '보통' 사람들의 이야기이기도 해서 독자들은 이 책의 매력에 더욱 빠져들 것이다.

- 이태억 KAIST(한국과학기술원) 산업 및 시스템공학과 교수

우리는 왜 과학과 수학을 배워야 할까? 세상을 이해하고 그 원리를

파악해 우리의 삶을 윤택하게 만들기 위해서다. 그렇다면 지금까지 배운 과학에 정답이 있을까? 그리고 오직 하나일까? 정해진 답은 없다. 바로 여기에 우리가 수·과학을 배우는 이유가 있다. 사실 정답이 없는 세상을 변화시키는 힘은 바로 관심과 호기심이다.

이 책에는 수많은 천재 과학자의 관심과 호기심으로 이룩한 역사가 담겨 있다. 천재들은 또 다른 편에 서 있는 천재들과 열정적인 토론과 경쟁을 벌였다. 그리고 인류는 이러한 과정을 통해 지금의 과학적 진보를 이뤘다. 호기심과 흥미가 가득한 이 책을 읽다 보면 자신도 모르게 새로운 시야가 열릴 것이다. 미래를 책임질 청소년과 젊은 세대가 꼭 읽어야 할 책이다.

- 김주형 인하대학교 기계공학과 교수·인하 IST-NASA 심우주 연구센터 센터장

인류의 과학에 대한 호기심과 꾸준한 도전에 힘입어 인공지능(AI)과 빅데이터, 유전공학, 로봇공학 등 4차 산업혁명 시대가 열렸다. 과학 지식의 정확한 이해가 있어야 쉼 없이 변화하는 현실에 대응하고, 급변하는 미래를 준비할 수 있다는 말을 실감한다.

이 책에는 현대 과학을 쉽게 이해하도록 수학, 물리, 화학, 생물학 분야의 획기적 연구 사례를 통해 유명 과학자들이 서로 경쟁적으로 문제 해결에 나서는 과정이 담겨 있다. 인기 드라마의 에피소드처럼 흥미진진하게 펼쳐져 있다. 몰입감 높은 짧은 이야기와 실감 나는 표현으로 책장을 술술 넘기는 사이에 청소년은 물론 직장인의 과학 지식과 이해도가 시나브로 높아질 것이다. 과학을 피할 수 없어서 즐기고 싶다면 이 책부터 시작하기 바란다.

- 이진로 영산대학교 자유전공학부 교수

현대 첨단 과학기술 문명은 과학적 발견, 지식의 축적, 공학기술의 발전, 사회 시스템의 발전 등 다양한 요소가 서로 얽히면서 발생된 결과다. 특히 이중 과학기술의 발전이 첨단 과학기술 문명의 발전을 추동했다고 해도 과언이 아닐 것이다.

17세기 과학혁명 이후 서구는 급속한 문명 혁신을 이룩했다. 그 이면에는 혁신을 이끈 위대한 발견자들이 있었다. 이 책은 고전역학, 전자기학, 열역학, 양자역학, 상대성이론 등 첨단 과학기술 탄생에 크게 기여한 위대한 발견자들에 대한 이야기다. 특히 비슷한 시대에 비슷한 연구를 하며 경쟁을 벌인 천재 과학자들을 대비해 소개함으로써 더 큰 흥미를 불러일으킨다.

- 이재우 인하대학교 물리학과 교수

AI 시대에 살아가는 지금, 우리는 어떻게 미래를 준비해야 할까? 무엇보다 본인이 하고 싶은 일에 몰입하는 마음이 중요하다. 이 책에는 열정, 도전, 노력으로 일군 천재 과학자들의 치열한 삶이 담겨 있다. 이들의 이야기는 미래 사회를 살아갈 우리에게 도움이 될 것이다. 미래의 주인공인 청소년뿐만 아니라 일반인과 과학자 모두가 읽어도 좋은 책이라 적극 추천한다. 많은 사람이 읽기를 바란다.

- 곽상수 한국생명공학연구원 책임연구원·UST(과학기술연합대학원대학교) 교수

과학책이 재미있다는 것은 매우 큰 장점이다. 백 년에 한 번 나올까 말까 한 천재들이 때로는 평생을 바쳐 밝혀낸 위대한 업적을, 어려운 수식이나 도표 없이 술술 읽을 수 있다는 것만으로도 참 고마운 일이다. 이름은 수백 번도 더 들어봤지만 어떤 업적을 남겼는지 잘 모르는 유명한 과학자부터, 한번도 이름을 들어본 적 없지만 현대 문명을 가능하게 한 놀라운 업적의 과학자까지 수많은 천재를 이 책에서 만날 수 있다.

수학부터 물리학, 생물학, 천문학, 컴퓨터공학 심지어 탐험가까지 분야도 다양하고, 몇백 년 전 위인부터 오늘날 활동하는 기업인까지 열거한 이 책을 읽는다는 건 그야말로 시간과 공간을 자유롭게 넘나드는 즐거운 여행이다.

각자의 분야에서 절대 잊히지 않을 커다란 족적을 남긴 천재들이지만, 그들끼리 서로 질투하거나 싸우기도 하고 평생 불운에 시달리거나 죽을 때까지 인정을 못 받기도 한다. 심지어 스스로 세상을 등지고 사라져버리기도 한다.

이처럼 쉽게 풀어서 핵심을 쏙쏙 전달해주는 과학 이야기 못지않게, 우리가 전혀 알지 못했던 유명 인물들의 인간적인 면모와 비하인드 스토리까지 알 수 있어 재미가 배가 된다. 무릇 책이란 재미있어야 읽게 되고 그렇게 읽다 보면 더 깊이 빠져들게 된다.

이 책은 최신 과학 뉴스를 대중에게 이해하기 쉽게 전달해온 과학 전문 기자의 깊은 내공이 담겨 있다. 카피라이터와 대기업 IT 종사자로, 신문기자를 거쳐 이제는 과학저술가로 첫발을 내딛는 저자의 용감한 도전에 큰 박수를 보내며 앞으로도 더 쉽고 재미있는 새로운 도서로 또 만날 수 있기를 기대한다. 청소년은 물론 일반 성인에게도 너무 유익한 책이기에 과학과 친해지고 싶은 어른과 아이 모두에게 적극적으로 추천한다.

- 서성교 카피라이터·일동제약 광고대행사 ㈜유니기획 국장

CHAPTER 1

열정과 패기의 천재

CHAPTER 2

천부적 재능의 천재

CHAPTER 3

끈기와 노력의 천재

CHAPTER 4

도전과 모험의 천재

CHAPTER 1

열정과 패기의 천재

알베르트 아인슈타인 & 닐스 보어

폴 디랙 & 리처드 파인먼

아이작 뉴턴 & 고트프리트 빌헬름 라이프니츠

앨런 튜링 & 데이비드 차움

윌리엄 쇼클리 & 월터 브래튼 & 존 바딘

칼 세이건 & 프랭크 드레이크

빌헬름 뢴트겐 & 어니스트 러더퍼드

드미트리 멘델레예프 & 헨리 모즐리

에드워드 제너 & 조너스 소크

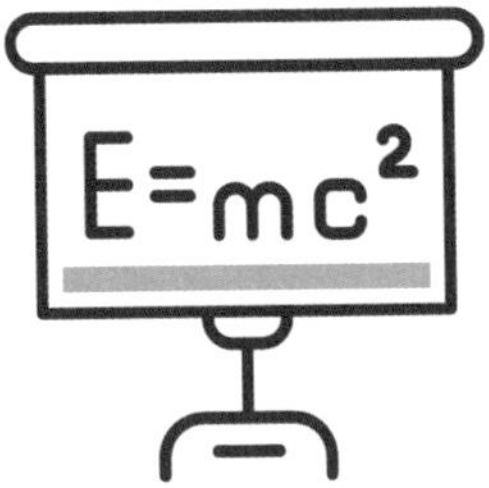

누가 슈뢰딩거의 고양이를 말하는가! 양자물리학 거장들의 대격돌

알베르트 아인슈타인 & 닐스 보어

세상을 놀라게 한 천재들은 많다. 그런데 그중에서도 상대성이론*을 밝히고 양자역학**에 이바지했다면 그는 어떤 범주에 드는 천재일까? 독일의 물리학자 아인슈타인은 세계적으로 대중에게 널리 알려진 천재다. 반면 아인슈타인보다 인지도는 덜하지만 보어는 아인슈타인과 함께 양자역학의 발전에 이바지한 천재 과학자다. 양자역학을 둘러싸고 이들이 두뇌 싸움을 벌이는 모습에서 우리는 20세기 과학자들의 천재성을 엿볼 수 있다.

20세기 최고의 셀럽, 알베르트 아인슈타인

아인슈타인 이름이 붙은 우유를 보면 왠지 저걸 마시면 머리가 좋아질 것 같다는 막연한 생각이 든다. 그만큼 '아인슈타인'은 '천재'라는 이미지의 고유명사가 되었다. 아인슈타인은 갈릴레오 갈릴레이 Galileo Galilei 와 아이작 뉴턴 Isaac Newton 을 잇는 천재 물리학자다. 이들의 공통점은 끈

*인간, 생물, 행성, 항성, 은하 크기 이상의 거시 세계를 다루는 이론.

**원자, 분자 등 미시적인 물질세계를 설명하는 현대물리학의 기본 이론.

알베르트 아인슈타인(Albert Einstein), 1879~1955.

질기게 '빛'을 추적해왔다는 점이다. 물리학은 자연의 보편적인 법칙을 수학적 형식을 통해 증명하는 학문으로 태생 자체가 빛이 없으면 설명이 어렵다.

갈릴레오는 빛의 속도를 측정하려고 하면서 '만약 빛의 속도가 유한하다면 매우 빠를 것'이라고 가설을 세웠다. 마찬가지로 뉴턴 역시 빛의 정체를 밝히기 위해 프리즘으로 다양한 실험을 시도했다. 뉴턴이 밝힌 빛의 성질은 향후 현대 천문학에 중요한 기반이 되었다.

아인슈타인도 빛에 매혹되었다. 그의 빛나는 업적인 상대성이론도 바로 빛에 대한 호기심에서 출발했다. 상대성이론을 통해 서로 다른 시간을 살아간다는 것이 밝혀졌다. 이 빛을 따라가다 보면 '양자'의 세계로 연결된다. 아인슈타인은 빛을 통해 또 다른 자신의 위업인 양자역학을 만났다. 이 행보는 이후 초끈이론이라고 하는, 우주를 구성하는 최소 단위를 끊임없이 진동하는 끈으로 보고 우주와 자연의 궁극적인 원리를 밝히려는 이론으로 이어진다.

아인슈타인은 빛을 금속에 비추면 전자가 튀어나온다는 광전효과 이론을 발표했는데, 이는 훗날 양자물리학의 태동에 큰 영향을 미쳤다. 하지만 이런 위대한 업적을 세운 아인슈타인도 헛다리를 짚은 게 있다. 양자가 관측을 통해 확률로 결정된다는 '코펜하겐 해석'*에는 강력하게 반발했던 것이다.

그렇게 태어난 가장 유명한 어록이 바로 "신은 주사위 놀이를 하지 않는다"다. 이 발언처럼 그는 양자 세계에서 일어나는 확률 결정론에 의구심을 품고 끝까지 보어와 대립했다. 신은 모든 것을 다 정해놨기 때문에 불확실한 확률로 자연을 설계하지 않는다는 뜻이었다. 하지만 결과는? 양자의 세계에서는 기존 고전역학이 적용되지 않았다. 거시 세계와는 달리 양자의 세계를 설계하며 신은 인간이 생각하지 못한 더 큰 그림을 그렸나 보다.

---

*보어가 코펜하겐 연구소에서 후학들과 함께 만든 양자역학의 해석 중 하나.

양자역학을 두고 격돌한 아인슈타인과 닐스 보어

닐스 보어(Niels Bohr), 1885~1962.

아인슈타인을 이야기하면서 보어를 빼놓을 수 없다. 보어는 아인슈타인의 영원한 라이벌이자 양자론*에 기여한 위대한 과학자로 아인슈타인에 필적할 만한 천재 물리학자다. 그는 확률 결정론을 주장하며 아인슈타인의 반대편에 선 사람이기도 하다. 아인슈타인에 비해 덜 알려졌지만 그래도 유명한 '보어의 원자모형론'**의 장본인이기도 하다.

보어는 생리학 교수인 아버지 밑에서 태어나 유복한 환경에서 천부적인 과학 재능을 마음껏 발휘했다. 26세에 박사학위를 따고 영국 케임브리지 대학교 캐번디시 연구소에서 당대 최고의 물리학자였던 톰슨Thomson 교수를 만나 원자론의 기틀을 다졌다.

보어는 원자의 구조와 거기서 방출되는 복사선에 관한 연구로

*미시적 존재의 구조나 기능을 해명하기 위해 양자의 관점에서 전개되는 이론.
**러더퍼드 모형을 수정해 전자가 각기 다른 에너지를 가지는 층에 존재한다는 원자모형을 만듦.

양자역학 태동에 가장 중요한 의의가 있는 1927년, 솔베이 학회 기념사진.
사진의 학자 중 무려 17명이 노벨상 수상자다.

1922년에 노벨물리학상을 받았다. 그 후 코펜하겐 대학교 부설 닐스 보어 연구소를 설립해 하이젠베르크Heisenberg, 로젠펠드Rosenfeld, 파울리Pauli 등 양자역학의 성립과 발전에 기여한 수많은 학자를 육성했다. 훗날 아인슈타인과 설전을 벌인 양자역학의 코펜하겐 해석도 바로 이 보어 연구소에서 시작되었다.

아인슈타인과 보어의 '솔베이 대충돌'은 인류 역사상 기념비를 세울 만한 역사적인 사건이었다. 화학자 에르네스트 솔베이Ernest Solvay가 자신의 이름을 따서 만든 학회 '솔베이 회의(1927년)'에서 두 사람은 양자역학의 확률 결정론에 대한 서로 다른 시각을 설득하기 위해 대토론을 벌였다.

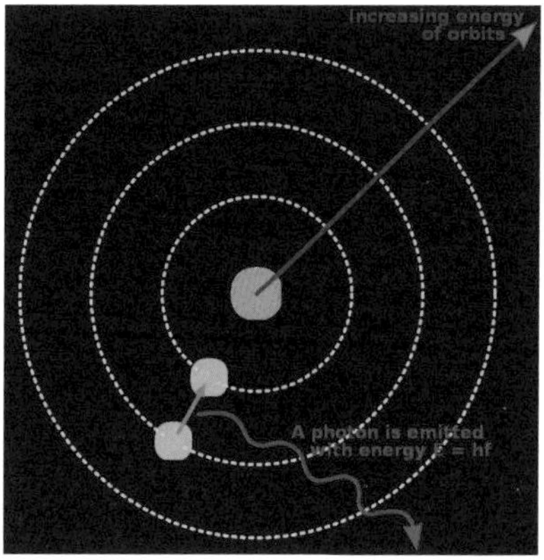

보어의 원자모형.

한편 영국의 물리학자 에르빈 슈뢰딩거Erwin Schrödinger가 양자역학의 확률 이론을 깨기 위해 '슈뢰딩거의 고양이'라는 주제로 사고 실험思考實驗*을 했으나, 오히려 양자의 중첩성을 설명하는 좋은 사례가 되었다. 아인슈타인의 주장을 뒷받침하려다 도리어 보어의 이론에 힘을 싣는 근거가 된 셈이다. 슈뢰딩거의 고양이 실험도 양자역학을 전부 설명할 수는 없지만 말이다.

기존의 고전역학은 위치와 속도를 알면 모든 상황은 예측할 수 있다고 봤다. 하지만 양자와 같이 작은 입자의 세계에서는 위치와 속도, 둘 중 한 가지는 도저히 파악할 수가 없다. 그만큼 양자의 세계에서는 우리가 상상하기 어려운 일들이 일어나기 때문이다. 우주의 별이 된 천재 물리학자 스티븐 호킹Stephen Hawking이 "누가 슈뢰딩거의 고양이를 말하는 걸 들으면 난 내 총을 꺼낸다"라고 한 것도 이러한 이유에서다.

내로라하는 과학자들도 두 물리학 천재의 격돌에 주목했을 만큼 양자물리학의 세계는 아직 인류가 이해하기에 너무나 멀고 어렵다. 오죽

*실제로 수행하기 힘든 실험을 생각만으로 결과를 이끌어내는 일.

하면 미국의 물리학자 리처드 파인먼Richard Feynman은 "현재 이 세상에 양자역학을 제대로 이해한 사람은 단 한 명도 없다고 자신 있게 말할 수 있다"라고 했을까.

하나 확실한 것은 우리는 거대한 양자물리학의 시작을 두 위대한 천재를 통해 한 발자국씩 내딛게 되었다는 점이다. 물론 위대한 천재라고 정답만을 제시하는 것은 아니다. 아인슈타인은 양자론의 시작을 알리는 광전효과 이론을 제기하고도 양자역학의 확률 결정론은 끝까지 부인했다. 현대 과학에선 결국 보어의 확률 결정론의 손을 들어주었다. 세기의 천재 아인슈타인도 틀릴 수 있다는 사실이 놀라울 따름이다.

이처럼 우리가 알고 있는 천재들도 많은 실수를 거듭한다. 그러니 실패를 두려워하지 말자. 또 정답만 말하길 강요하지도 말자. 지금은 정답이라고 여기는 것이 훗날 오답이 될 수도 있으니까.

오다가다 줍줍!

슈뢰딩거의 고양이 사고실험

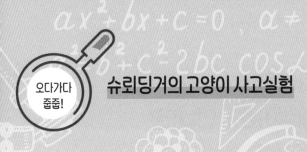

슈뢰딩거는 양자의 불확정성을 부인하기 위해 다음 실험을 가정했다. 먼저 청산가리가 든 유리병을 밖에서 안이 보이지 않는 상자에 넣는다. 상자 안에는 방사성 물질인 라듐, 방사능을 검출하는 가이거 계수기, 유리병을 깨기 위한 망치 그리고 고양이가 들어 있다. 라듐이 붕괴하면 계수기가 방사능을 탐지하고 망치가 유리병을 내리쳐 청산가리가 상자 안에 퍼진다. 슈뢰딩거는 한 시간 뒤 절반의 확률로 상자 안의 고양이가 죽고 외부에서는 그 상황을 전혀 알 수 없다고 했다. 하지만 양자의 세계에서는 관찰하지 않으면 고양이가 죽었는지 살았는지 알 수 없다.

양자의 세계에서는 관찰 전까지 결과가 발생하지 않다가 관찰하는 순간 결과가 결정된다. 상자를 열지 않으면 고양이는 죽지도 살아 있지도 않은 상태인 것이다. 상자를 여는 순간 죽었는지 살았는지 비로소 알 수 있다. 양자의 불확정성을 부인하기 위해 고안한 실험이 역설적으로 양자의 중첩성을 설명하는 가장 좋은 예가 되었다. 여담으로 이 실험이 진짜 고양이로 한 것이 아니라 생각으로만 하는 사고실험이라 얼마나 다행인지 모른다.

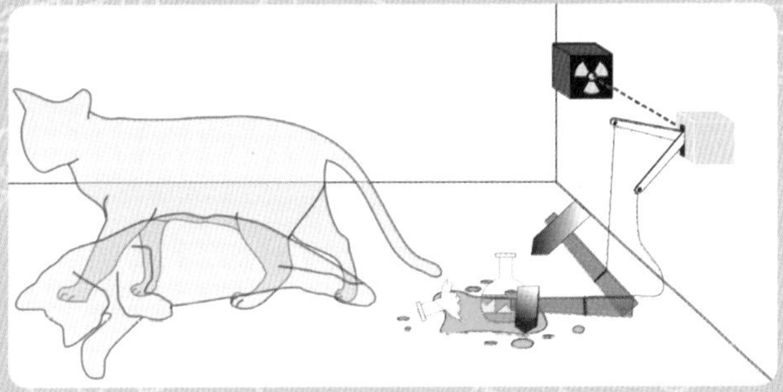

슈뢰딩거의 고양이 사고실험을 나타낸 그림.

양자역학이 상대성이론과 만나면?

폴 디랙 & 리처드 파인먼

천재들은 빛을 쫓는다. 그것도 세상에서 가장 인정받는 위대한 과학자들이 그랬다. 과연 '빛'이 무엇이기에 세기의 천재들이 그렇게 너나 할 것 없이 쫓았을까? 갈릴레이는 빛의 속도를 측정하려 했고 뉴턴은 빛의 성질을 밝히려 했다. 아인슈타인은 빛을 통해 양자역학의 기초를 만들었다. 위대한 과학자들에게 빛은 신이 인류에게 준 세계의 비밀을 푸는 열쇠였다. 디랙과 파인먼 또한 빛을 연구해 양자역학과 특수상대성이론을 연결하는 양자전기역학quantum electrodynamics, QED*의 기틀을 마련했다.

상대성이론과 양자역학을 연결한 디랙방정식

천재들의 빛을 따라가다 보면 특별한 순간들이 있다. 아인슈타인과 보어의 코펜하겐 학파가 활약하고 마리 퀴리Marie Curie, 슈뢰딩거, 파울리 등 쟁쟁한 근현대사의 과학자들이 왕성하게 활동했던 1920년대가 바로

*전자와 전자기장의 성질 및 상호작용을 양자장론으로 기술한 이론.

폴 디랙(Paul Dirac), 1902~1984.

그 순간이다.

이 시기에 인류는 거대한 발견을 하며 과학발전에 한걸음 더 나아가게 된다. 바로 '양자역학'이 태동한 것이다. 처음 포문을 연 이는 아인슈타인이었다. 그는 독일의 물리학자 막스 플랑크Max Planck가 제안했던 '빛은 입자로 이루어져 있다'는 광양자가설을 도입해 빛이 입자라고 제시했다. 이후 빛은 파동성과 입자성을 모두 지닌다고 입증되었고 전자와 같은 입자도 이러한 이중성을 지닌다는 것이 밝혀졌다.

당시 아인슈타인과 함께 양자의 세계를 본격적으로 펼친 대표적인 과학자로 하이젠베르크, 슈뢰딩거, 그리고 디랙을 꼽을 수 있다. 아인슈타인은 우리가 느끼는 질량이나 시간, 공간에 대한 개념이 상대적임을 파악했다. 디랙은 아인슈타인의 상대성이론과 전자도 양자역학의 법칙이 적용된다는 사실을 조화롭게 결합해 전자가 만족하는 방정식을 완성했다.

디랙방정식을 새긴 기념 마커, 웨스트민스터 사원.

그는 디랙방정식dirac equation* 으로 슈뢰딩거의 파동방정식을 상대성이론에 접목했다. 디랙방정식은 전자가 입자면서 동시에 파동이라는 것을 설명할 수 있다. 디랙은 이 방정식으로 현대 양자전기역학의 기틀을 마련했다. 양자전기역학은 대부분의 자연현상을 설명할 수 있다는 점에서 중요한 역사적 의미가 있다. 디랙은 아인슈타인에게 빛의 바통을 건네받아 우리가 사는 세상을 규명하는 데 성공하는 위업을 달성했다.

한편 디랙에 대한 소소하고도 흥미로운 일화가 있다. 그는 과묵하기로 유명한 과학자였다. 디랙은 말을 극도로 아껴 동료들은 그가 말하는 것을 듣기 어려웠다고 한다. 오죽했으면 디랙이 한 시간에 한 마디 하는

*소립자(물질을 이루는 가장 작은 단위의 물질)를 기술하는 상대론적인 파동방정식.

것을 '1디랙'이라고 정의했을까.

양자전기역학을 쉽게 수식화한 리처드 파인먼

1960년대에 들어서면서 물리학자들은 영국 물리학자 맥스웰Maxwell의 이론을 발전시켜 입자의 양자 현상을 설명하는 양자전기역학을 탄생시켰다. 맥스웰은 전기역학을 통해 빛과 파동, 전기와 자기 이 두 가지를 연결하는 법칙을 발견했는데, 이는 자연현상이 각각 완전히 달라 보여도 실은 서로 매우 밀접하게 관련되어 있음을 보여준다. 양자전기역학은 자연의 다양한 현상들이 실제로는 동일한 것의 각기 다른 측면임을 알아내려는 시도다.

리처드 파인먼(Richard Feynman), 1918~1988.

거시의 세계를 다루는 물리학이 아인슈타인의 상대성이론이라면 파인먼의 양자전기역학은 미시의 세계를 다루며 오늘날 과학발전에 큰 공을 세웠다. 양자전기역학은 쉽게 말해서 빛의 현상을 숫자로 계산한 학문이다. 파인먼은 파인먼 다이어그램Feynman diagram으로 양자전기역학을 재규격화하며 이 학문을 완성했다.

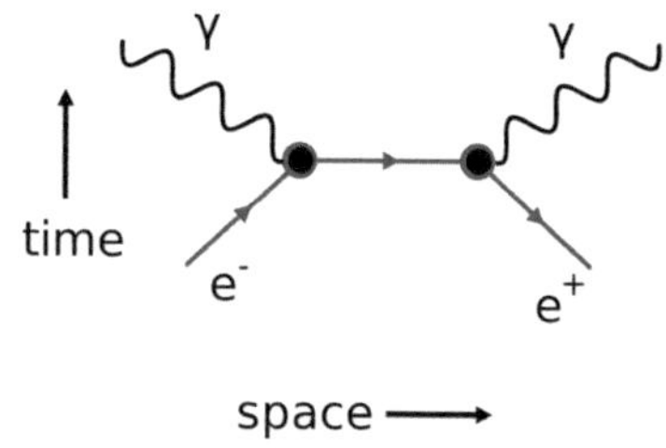

파인먼 다이어그램.

파인먼 다이어그램은 입자들의 상호작용이 어떤 힘으로 어떻게 일어나는지 직관적으로 표현해준다. 이 도표로 전자의 복잡한 상호작용을 쉽게 이해하고 계산을 단순하게 만들어 어렵고 복잡한 물리학을 알기 쉽게 정리할 수 있었다. 오늘날 물리학을 배울 때도 파인먼 다이어그램을 사용할 정도니 실로 대단한 업적이 아닐 수 없다.

실험으로 증명할 수단이 없어 그동안 가설과 개념 수준에 머물렀던 양자 법칙은 파인먼의 도형과 경로적분방정식을 통해 사실로 검증됐다. 즉 파인먼 덕분에 오늘날 현대물리학이 급격하게 발전하고 있다고 해도 과언이 아닌 셈이다.

파인먼은 여기에 그치지 않고 1981년, 양자역학 현상을 이용한 컴퓨터를 만들자고 제안했다. 그는 양자 세계를 시뮬레이션하기 위해 양자컴퓨터quantum computer를 만들어야 한다고 주장했다. 이러한 공로를 인정받아 1965년에 양자전기역학의 가장 중요한 업적을 세운 이들에게 공동으로 수여한 노벨물리학상 수상자로 선정됐다. 그리고 40여 년 후인 지난 2019년, 양자컴퓨터가 발명되면서 디지털컴퓨터를 누르고 양자 우월성이 입증되었다.

양자전기역학은 지금까지 나온 물리학 이론 중 가장 정확하다고 평가받는다. 방사선과 중력만 빼고 오늘날 대부분의 자연현상은 양자전기역학으로 설명할 수 있기 때문이다. 지금의 양자물리학은 한두 사람의 업적으로 이뤄진 성과가 아니다. 수십 년 동안 수많은 과학자의 헌신과 노력이 차곡차곡 쌓아 올린 탑이다.

아인슈타인에서 뻗어 나온 디랙과 파인먼, 두 천재가 앞장서 활약한 덕분에 양자전기역학이 완성되었으므로 이들 거장을 가히 일등 공신이라 칭할 만하다. 이를 바탕으로 인류는 양자컴퓨터를 만드는 미래로 진일보하게 되었다.

파인먼이 제시한 양자컴퓨터가 온전히 완성되면 어떤 일이 일어날까? 앞으로 수년 안에 그가 원했던 사양의 양자컴퓨터가 나온다면 우리가 알고 싶어한 세상의 의문이 풀릴지도 모른다. 다만 의문점을 밝혀낸다고 하여 반드시 좋은 세상이 오는 것만은 아니므로 주의해야 한다. 기술과 과학이 눈부시게 발전하는 만큼 이면에 드리워질 위험성의 그림자도 함께 안고 가야 하기 때문이다.

오다가다 줍줍!

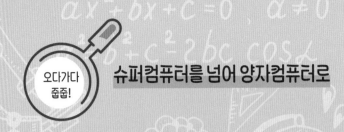

슈퍼컴퓨터를 넘어 양자컴퓨터로

양자컴퓨터는 기존의 이진법을 사용하는 컴퓨터와는 비교할 수 없을 만큼 많은 양의 계산을 빠르게 처리할 수 있다. 가령 슈퍼컴퓨터가 수만 년 걸릴 계산을 몇 시간 만에 끝낼 수 있다. 양자의 기본 성질인 '중첩'과 '얽힘'을 이용했기 때문이다.

양자 현상은 입자와 파동의 이중성과 불확정성원리uncertainty principle에 의해 규정된다. 양자물리학에 따르면 입자라고 생각했던 전자가 파동성을 갖고, 파동이라고 생각했던 빛이 입자성을 갖는 광자로 기술된다. 양자 정보처리나 양자 통신, 양자컴퓨터는 모든 가능한 상태가 중첩된 얽힌 상태를 이용하면서 한번에 모든 가능성의 상태를 조작할 수 있다.

현재 양자컴퓨터는 이제 막 걸음마를 뗀 수준이다. 이론적으로는 양자컴퓨터의 큐비트 하나가 늘어나면 성능은 두 배씩 늘어난다고 알려져 있다. 최근 IBM은 정보처리 단위인 큐비트 수를 127개 탑재한 세계 최대 초전도 양자컴퓨터를 공개했다. 이에 따라 양자컴퓨터 개발 속도도 가속될 전망이다.

양자컴퓨터 D-WAVE.

more info.

미적분, '원조 맛집' 논란의 중심에 서다

아이작 뉴턴 & 고트프리트 빌헬름 라이프니츠

세계는 넓고 천재는 많다. 여기에 미적분학을 만든 천재들을 빼놓을 수 없다. 미적분은 고등학교 수학 과정에서 특히 중요한 만큼 수험생에게 애증의 대상이기도 하다. 이렇게 학창 시절 머리를 쥐어뜯게 만든 미적분학은 누가 최초로 만들었을까? 천재 수학자이자 물리학자 뉴턴과 여러 방면에서 뛰어난 재능을 보인 수학자 라이프니츠는 서로 자신이 미적분학의 '원조 맛집(?)'이라고 주장했다.

미적분학의 원조 중 원조, 아이작 뉴턴

수학은 어렵다. 여간해선 공부하기도 만만치 않다. 오죽하면 '수포자(수학 포기자)'라는 신조어가 생겼을까. 그중에서도 미분과 적분은 더 어렵게 느껴진다. 미적분은 수학의 꽃이라 하지만 많은 이들이 미적분 때문에 좌절하기도 한다. 도대체 미적분은 무엇이고 이 어려운 학문은 왜 배워야 할까?

사실 미분과 적분이 없었다면 현대인의 필수품인 스마트폰은 탄생

아이작 뉴턴(Isaac Newton), 1643~1727.

하지 않았을 것이다. 어디 스마트폰뿐이랴, 대다수 첨단기기도 미적분의 성과다. 이론적으로 말하면 미분은 함수의 순간변화율, 즉 기울기를 구하는 연산이다. 적분은 곡면과 좌표축으로 둘러싸인 영역의 면적을 계산하는 학문이다. 미분을 설명하다 보면 적분은 자연스럽게 등장한다. 미분과 적분은 서로를 거꾸로 되돌리는 작업이기 때문이다. 그렇기에 미분과 적분은 떼려야 뗄 수 없다.

뉴턴은 미분의 개념을 23세였던 1665년에 창안했다고 한다. 이 시기는 유럽 전역에 흑사병이 창궐했던 때였다. 거대한 역병 때문에 뉴턴은 학교에 다닐 수 없어 집에서 홀로 연구에 몰두했다. 그 유명한 만유인력*의 법칙 또한 이때 발견했다.

하지만 당시 뉴턴은 미적분 개념을 대수롭지 않게 생각해 따로 정리하거나 문서로 만들지 않았다. 반면 라이프니츠는 1673~1676년 사이에 미적분을 정리하고 책으로 내기까지 했다. 깃발을 꽂은 자가 먼저일까, 아니면 기록이 먼저일까? 향후 이 문제는 두 사람은 물론 그들의 제자와 국가 간의 분쟁으로까지 번졌다.

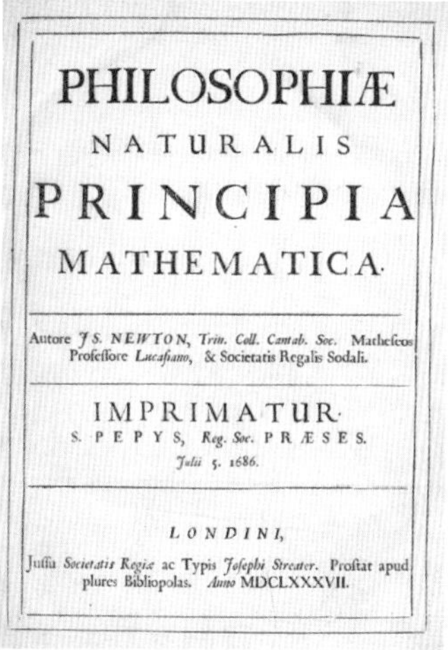
PHILOSOPHIÆ
NATURALIS
PRINCIPIA
MATHEMATICA.

Autore J S. NEWTON, Trin. Coll. Cantab. Soc. Matheseos Professore Lucasiano, & Societatis Regalis Sodali.

IMPRIMATUR.
S. PEPYS, Reg. Soc. PRÆSES.
Julii 5. 1686.

LONDINI,
Jussu Societatis Regiæ ac Typis Josephi Streater. Prostat apud plures Bibliopolas. Anno MDCLXXXVII.

뉴턴의 연구가 집대성된 《프린키피아》 제1권.

뉴턴은 물리학에 사용하려고 처음 미적분 개념을 떠올렸다. 역학을 연구하는 과정에서 운동하는 물체의 순간변화율인 가속도를 좀 더 쉽게 알기 위해 미적분을 만들었다. 만유인력 하면 떠오르는 과일 '사과'를 보며 뉴턴은 사과가 운동하는 속도와 가속도를 표현한 새로운 계산법인 미분법의 단서를 얻었고, 이후 역함수인 적분법도 고안해냈다.

사실 뉴턴의 미적분 개념은 프랑스의 수학자 데카르트Descartes의 해석기하학**에서 시작됐다고 볼 수 있다. 데카르트라고 하면 "나는 생각

*질량을 가진 모든 물체끼리 서로 끌어당기는 힘.
**기하학적 도형을 좌표에 의해 나타내고 그 관계를 로그, 미분, 적분 등을 써서 연구하는 기하학.

한다. 고로 나는 존재한다"라는 유명한 명언을 남긴 근대 철학의 아버지를 제일 먼저 떠올리기 쉽지만, 놀랍게도 그는 수학에서도 맹활약을 펼쳤다.

데카르트는 파리의 좌표를 표시하려고 고민하던 과정에서 x, y 좌표를 만들었다. 이 좌표 개념이 물체의 이동과 미적분에 활용되면서 오늘날 미적분 개념을 만드는 데 기여했다.

또 다른 미적분학의 원조, 고트프리트 빌헬름 라이프니츠

라이프니츠는 뉴턴 못지않은 '팔방미인 천재'다. 과학, 수학, 외교, 철학, 정치 등 여러 분야에서 두각을 나타냈다. 어려서부터 영재의 기미를 보여, 철학자였던 아버지의 영향으로 10대에 철학박사를 딸 정도였다. 그는 다양한 분야에서 뛰어난 성과를 냈는데 특히 수학에 가장 큰 업적을 남겼다. 삼각함수, 로그함수, 위상기하학 발전에 크게 이바지하고, 컴퓨터의 기본이 되는 이진법도 고안했다. 여기서 빼놓을 수 없는 것이 바로 '미적분'의 발명이다.

뉴턴의 미적분과 라이프니츠의 미적분은 같은 개념이다. 다만 뉴턴은 물리학에서, 라이프니츠는 순수수학에 활용할 미적분을 설명했다. 현재 우리가 배우는 미적분이 바로 라이프니츠가 정리한 것이다.

라이프니츠는 기울기가 주어진 직선을 접선으로 하는 곡선을 구하는 과정에서 오늘날 미적분에 사용하는 기호를 만들었다. 우리가 수학적으로 쉽게 미적분학을 표현하는 것도 라이프니츠 덕분이라 하겠다.

이렇듯 미적분학은 각각 다른 시기에 알려졌는데, 뉴턴은 영국에서, 라이프니츠는 독일에서 활동하고 있어 처음부터 문제가 되지는 않았다. 하지만 영국인 수학자 존 월리스John Wallis가 "독일인 수학자 라이프니츠가 뉴턴의 업적을 가로채고 있다"라고 주장하면서 논란이 시작되었다.

고트프리트 빌헬름 라이프니츠
(Gottfried Wilhelm Leibniz),
1646~1716.

이후 미적분 원조 논쟁은 독일과 영국 수학자들 간의 자존심 싸움으로 번졌다. 당연히 영국 수학계에서는 미적분이 뉴턴의 성과라고 주장했다. 뉴턴이 영국 왕립학회의 거물이었음을 생각하면 놀라운 일은 아니다. 반면 독일 수학계에서는 라이프니츠가 미적분을 고안하고, 뉴턴은 비슷한 아이디어를 제시했을 뿐이라고 반박했다.

이런 와중에도 뉴턴은 이 논란에 적극적으로 가담하진 않았다. 당시에도 과학계의 유명인사이자 천재로 칭송받던 뉴턴의 입장에서 보면

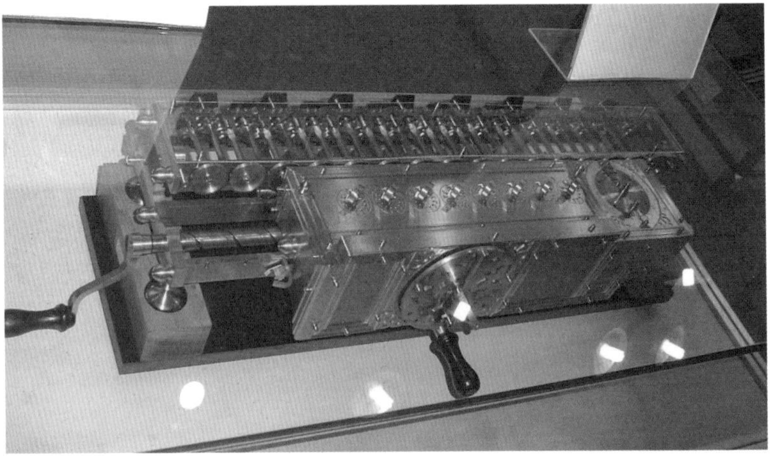

라이프니츠가 개발한 계산기계.

그럴 만도 하다. 천재이기에 가질 수 있는 여유라고나 할까? 또한 라이프니츠가 미적분학을 발표하기 전에 뉴턴에게 의견을 묻는 편지를 보낸 적이 있다. 그것만 봐도 뉴턴은 자신이 미적분 창시자라 생각했을 법하다. 이렇게 조용히 지나가려던 뉴턴의 생각과는 달리 미적분의 원조 논쟁은 도마 위에 올라버렸다. 제자들 간의 자존심 대결로 확장되면서 걷잡을 수 없이 큰 싸움이 벌어졌던 것이다.

그렇다면 오늘날 미적분의 원조는 누구라고 알려져 있을까? 다행히 뉴턴과 라이프니츠 모두 인정하는 추세다. 유럽 대륙에 걸쳐 오랜 세월 거세게 불타올랐던 두 천재의 자존심을 건 대결은 이렇게 평화롭게 종결된 셈이다.

어쨌든 뉴턴은 영국에서 라이프니츠는 독일에서 각자의 방법으로 미적분을 증명해냈다. 분명한 건 이들이 발명한 미적분이 인류에 지대한 영향을 끼쳤다는 사실이다. 물론 책상 앞에서 고통받는 수험생들에게는 달갑지 않은 일이겠지만…….

오다가다 줍줍!

두 과학자의 신경전

뉴턴과 라이프니츠는 초기에 서로 독자적으로 미적분학을 완성했다는 것을 인정했다. 하지만 정작 주위의 반응은 달랐다. 영국의 수학자들은 라이프니츠를 '표절범'이라고 불렀고 다른 유럽 국가 수학자들은 '라이프니츠의 연구가 원조'라고 주장했다. 이런 싸움은 100여 년간 계속되었다.

뉴턴은 1676년, 자신이 발견한 미적분학에 대한 힌트를 암호로 써서 라이프니츠에게 편지를 보냈다. 그의 힌트를 해석하면 이미 뉴턴이 먼저 미적분학을 이해하고 있는 것으로 해석된다. 그러나 라이프니츠는 이 편지를 언급하지 않았고 1684년, 미적분학에 관한 책을 냈다. 그러면서 다음과 같이 말했다.

"나는 뉴턴 경이 미적분학을 이미 알고 있다고 생각한다. 하지만 누구나 한번에 모든 결과를 발견하지 못한다. 한 사람이 한 가지에 기여하고 다른 사람이 여기에 덧붙이며 기여하는 것이다."

이에 뉴턴은 "두 번째 발명자는 중요하지 않다"라며 라이프니츠의 주장을 일축했다.

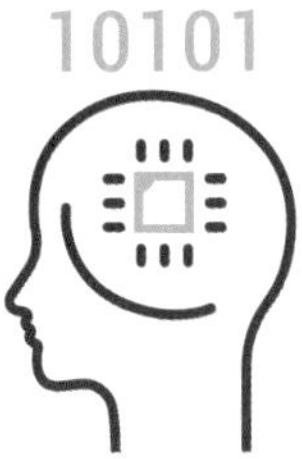

암호를 해독하고 세상을 구하다

앨런 튜링 & 데이비드 차움

튜링은 훗날 튜링기계Turing Machine*로 불리는 수학적 모형을 개발해 현대 컴퓨터 과학 발전에 크게 이바지한 인물이다. 차움은 인터넷의 개념이 생기기도 전에 암호화폐의 개념을 제안하고 사업화했다. 특히 튜링은 군사 목적에 맞게 암호체계를 개발했고, 차움은 개인정보보호를 우선한 암호기술을 개발했던 암호학의 대가들이다.

해독 불가능한 암호를 푼 전쟁 영웅, 앨런 튜링

"시리야~, 빅스비~." 지금은 인공지능과 대화하는 시대다. 이들은 우리에게 날씨도 알려주고 전화도 걸어주고 음악도 틀어주고 끝말잇기도 해준다. 하지만 무려 100년 전에 이런 시대가 올 것이라고 상상이나 했을까? 놀랍게도 튜링은 100년 전에 이를 예견했다.

튜링은 뛰어난 암호학 체계를 만들어 수많은 생명을 구한 전쟁 영웅

*튜링이 1936년에 발표한 가상적인 기계로, 현재 컴퓨터의 기본적인 작동 개념을 제공.

앨런 튜링(Alan Turing), 1912~1954.

이자 시대를 앞질러 인공지능을 생각해낸 천재였다. 인공지능이라는 용어가 생기기도 전에 벌써 AI의 개념을 제안하고 사용 범위를 예측할 정도로 미래를 내다보는 안목이 탁월했다. 1950년, 튜링이 만든 논리를 토대로 만들어진 튜링테스트Turing Test*는 대화를 통해 기계인지 인간인지를 판별하는 기준이다. 현재 AI 연구 분야에 널리 활용되고 있다.

튜링은 암호학의 대가였는데 그의 실력은 영화 〈이미테이션 게임〉으로 대중에게 널리 알려졌다. 제2차 세계대전 당시 독일군은 절대 해

*기계(컴퓨터)가 인공지능을 갖추었는지를 판별하는 실험.

독이 불가능한 암호화 기계인 에니그마Enigma를 사용해 다른 나라에서 암호를 풀 수 없었다. 영국 정부는 전국의 천재 수학자와 과학자를 차출해 암호해독에 열을 올렸다. 튜링도 1939년에 영국의 암호해독 기관에 합류했다.

영화 〈이미테이션 게임〉 포스터.

에니그마는 무려 18억 개에 달하는 경우의 수를 만들어냈기 때문에 사람이 수기로 암호를 해독해서는 도저히 풀 수 없었다. 또한 매일 24시간마다 암호가 바뀌었기 때문에 하루 안에 암호를 풀지 않으면 안 됐다. 튜링은 고심 끝에 암호가 변화하는 체계를 자동으로 인지해서 해석하는 기계를 만들기로 결심했다. 그는 동료들과 함께 1944년에 마침내 독일군의 암호를 풀 수 있는 기계를 개발했다. 덕분에 전쟁 중 수많은 사람의 생명을 구할 수 있었다. 이때 암호학의 새로운 기틀이 마련되었다.

하지만 이러한 뛰어난 재능과 업적에도 불구하고 튜링은 비운의 인생을 살았다. 그는 동성애자였는데, 당시 영국은 동성애를 법으로 금지하고 있어 수감될 위기에 처했었다. 튜링은 수감 대신 여성호르몬을 투여하는 화학적 거세형을 선택했다. 이 때문인지는 몰라도 얼마 후 튜링은 스스로 목숨을 끊고 말았다. 그의 나이 겨우 41세였다.

암호화폐의 아버지, 데이비드 차움

튜링이 군사적인 목적으로 독일 나치군의 암호를 파악하기 위해 암호학을 연구했다면, 차움은 정부가 개인의 정보를 통제할 수 있다는 생각에서 출발해 프라이버시를 보호하는 디지털 암호 거래 방식을 개발했다.

차움은 1981년, 〈추적 불가 전자메일, 주소 그리고 디지털 익명성〉이라는 논문을 발표했고 개인정보보호의 중요성을 강조했다. 그는 1990년, 전자화폐 기업 디지캐시DigiCash를 설립해 세계 최초의 암호화폐 이캐시ecash를 출시했다. 이는 현재 암호화폐의 대표적인 상징인 비트코인Bitcoin보다 10여 년 앞선 것이다. 차움이 암호화폐라는 개념을 처음 만든 셈이다.

데이비드 차움(David Chaum), 1955~.

차움은 개인정보보호를 최우선으로 했다. 디지털 사회에 특정 집단에서 정보가 독점되는 것을 경계했기 때문이다. “화폐 통제보다 더 무서운 것은 정보를 통제하는 것”이라며 “정보의 통제는 사회 전체의 통제로 이어진다”라고 경고했다.

한편 차움은 익명성을 앞세워 범죄 조직에 암호체계가 악용될 것도 경계했다. 그래서 개인정보를 보호하면서도 테러나 범죄의 위협에서 안전할 수 있도록 암호화 기술을 설계했다.

1992년, 매사추세츠 공과대학교 실비오 미칼리Silvio Micali 교수가 제안한 ‘공평한 공개키 암호화 시스템’도 실제로 구현해냈다. 차움이 개발한 프리바테그리티PrivaTegrity 기술은 평상시 메신저 기능을 하다가 테러나 범죄가 발생했다고 판단되면 메시지를 해독할 수 있다. 그는 “누구나 개인정보 등 사생활을 보호받아야 하지만 범죄 조직이 암호기술을 악용하도록 놔둬서도 안 된다”라며 기술 개발 사유를 밝혔다.

한편 양자컴퓨터 개발에 속도가 붙으면서 기존 암호체계가 무력화될 수 있다는 우려도 커졌다. 차움은 이에 대응해 2019년, 암호화폐 플랫폼 엘릭서Elixxir와 암호화폐 프랙시스Praxxis, 블록체인 SNS인 엑스엑스 메신저xx messenger를 공개하며 양자컴퓨팅 공격에 대처 가능한 블록체인 개발을 강조했다.

세상이 빠르게 변하고 있다. 첨단 과학기술은 국가의 최강 경쟁력이다. 이중 암호기술은 디지털 사회에 없어서는 안 될 중요한 정보보호의 기반이다. 제2차 세계대전이 벌어지던 당시 암호기술은 국가 차원의 기밀사항이었다. 하지만 오늘날에는 민간 부문에도 필수적인 보안기술로 확장됐다. 앞으로 우리는 정부가 암호기술을 독점했던 튜링의 시대를 넘어 차움이 경고한 것처럼 이전과는 전혀 다른 보안기술 시대를 맞이할 것이다.

차움이 개발한 암호화폐 플랫폼 '엘릭서'.

미래의 암호기술 시장은 양자암호통신이 대세가 될 듯하다. 그런데 양자컴퓨터는 양자암호통신으로 만들어낸 암호를 무력화시킬 수 있다. 즉 최고의 공격과 최대의 방어가 양자물리학으로 가능해진다는 뜻이다. 암호기술의 대결이 흡사 창과 방패의 대결이 될 수도 있다. 과학자들도 양자컴퓨터의 발달이 암호 세계에서 어떤 변화를 만들어낼지 섣불리 예측하지 못한다. 과학의 발달은 정말 아이러니의 연속이다.

오다가다 줍줍!

튜링의 죽음 그 진실은?

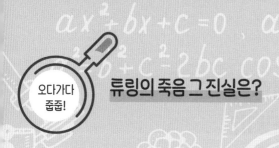

튜링은 제2차 세계대전 동안 암호해독 센터에서 근무했다. 그는 독일의 암호를 푸는 속도를 높이기 위한 다양한 암호해독 기계를 개발했다. 천재적 행보를 이어가던 튜링은 1954년에 급작스럽게 죽음을 맞이했다. 가정부가 그의 싸늘한 주검을 발견했는데, 사인은 사과에 주입된 사이안화물cyanide(맹독성이 있는 무색의 액체 또는 기체) 중독으로 밝혀졌다.

튜링의 어머니는 부주의한 실험실 화학물질 사고로 인한 우발적인 섭취였을 것이라고 주장했다. 화학적 거세 때문에 극단적인 선택을 했는지, 단순한 사고였던지는 정확히 밝혀지지 않았지만 40대 초반의 젊은 나이에 세상을 떠난 것은 참으로 안타깝다.

영국의 암호해독 기관인
블렛츨리 파크의 튜닝의 방.

누가 '트랜지스터'의 아버지인가?

윌리엄 쇼클리 & 월터 브래튼 & 존 바딘

1947년, 트랜지스터[transistor*]가 개발되지 않았다면 오늘날 반도체와 컴퓨터도 없었다. 트랜지스터는 컴퓨터의 기본이 되는 필수 부품이다. 트랜지스터의 발명으로 전자기기들은 지금과 같은 초소형화를 이룰 수 있었다. 쇼클리, 브래튼, 바딘은 인류에게 IT 혁명을 앞당겨준 '트랜지스터의 아버지'들이다. 노벨물리학상을 받은 이 세 명의 천재가 없었다면 인류는 현재 사용하는 전자기기의 편리함을 누리기 힘들었을 것이다.

진공관을 넘어 트랜지스터로

이들 중 단연 이야기의 주인공은 쇼클리다. 그는 처음부터 끝까지 특이한 괴짜면서 천재의 면모를 보여주었다. 그의 독보적인 질투심은 결국 그를 트랜지스터의 제왕으로 만들었고 일찍이 명당을 알아본 그의 심미안은 지금의 실리콘밸리[**]를 만들었다.

*반도체를 접합해 만든 전자회로 구성요소.

**미국 캘리포니아주에 있는 첨단기술 연구단지.

윌리엄 쇼클리(William Shockley), 1910~1989.

쇼클리는 어릴 적부터 신동으로 불렸는데 과학을 특히 좋아했다. 유년 시절부터 범상치 않은 모습을 본 이웃집 대학교수가 직접 나서서 지도할 정도였다. 그렇게 어려서부터 천재성이 눈에 띄다가 1936년, 미국 매사추세츠 공과대학교에서 물리학 박사학위를 받고 벨 연구소에 입사했다. 벨 연구소는 당시 '천재 고체물리학자'라 불리던 쇼클리에게 진공관*을 개선하는 연구를 맡겼다.

과거 트랜지스터가 개발되기 전에는 진공관을 사용해 전자기기를 만들었다. 증폭 및 스위칭 기능을 하는 진공관은 느리고 전력 소모가 많다는 단점이 있었다. 무엇보다 진공관의 가장 큰 문제는 크기가 지나치게 거대했다는 점이다. 초창기 컴퓨터가 엄청 컸던 것도 부품으로 사용하는 진공관이 부피를 너무 많이 차지했기 때문이다.

쇼클리는 크기가 작으면서도 진공관의 역할을 충실히 수행할 수 있는 장치 개발에 열중했다. 진공관을 대체하는 트랜지스터는 전류나 전압의 흐름을 조절해 증폭 및 스위치 역할을 했다. 벨 연구소에서 그의 실험은 추후 '접합 트랜지스터'의 발명으로 이어졌다.

이후 쇼클리는 두 명의 연구원과 함께 진공관보다 더 뛰어난 성능을 지닌 전자장치를 개발하는 데 성공했다. 훗날 함께 노벨물리학상을 받은 월터 브래튼, 존 바딘이 바로 쇼클리의 연구팀원이었다. 하지만 이 세 사람이 동시에 트랜지스터를 개발한 것은 아니다. 먼저 브래튼과 바딘은 게르마늄에 두 개의 철선을 연결해 입력된 신호의 100배를 출력하는 장치를 만드는 데 성공했다. 전류나 전압의 흐름을 조절하는 원리를 적용해 진공관을 대체할 장치를 발명한 것이다. 전자공학의 혁명을 가져올 트랜지스터 탄생의 순간이었다.

*유리나 금속 등의 용기에 몇 개의 전극을 봉입하고 내부를 높은 진공 상태로 만든 전자관.

따로 또 같이 만든 트랜지스터

쇼클리는 자신이 팀장으로 있었지만, 트랜지스터 개발의 당사자가 아니라는 사실에 낙담했다. 그는 향후 이 둘의 트랜지스터 발명에서 더 나아가 '점 접촉 모델'을 개선한 접합 트랜지스터를 개발했다.

천재 고체물리학자라는 명성은 허상이 아니었다. 쇼클리는 트랜지스터를 완성한 후 벨 연구소를 떠나 1955년, 미국 캘리포니아주 팰로앨토에 '쇼클리 반도체연구소'를 설립했다. 여기서 트랜지스터를 대량으로 생산하면서 다양한 분야에 활용하게 되었다.

한 가지 재미있는 사실은 쇼클리의 연구소가 이곳에 자리를 잡으며

존 바딘(John Bardeen), 1908~1991.

월터 브래튼(Walter Brattain), 1902~1987.

지금의 실리콘밸리가 형성됐다는 것이다. 이곳에 반도체 및 각종 IT 인재들이 차츰 몰려들었다. 트랜지스터의 주원료를 실리콘으로 대체하면서 '실리콘'과 계곡의 '밸리'가 합쳐져 '실리콘밸리'라는 이름이 만들어졌다.

한편 이들은 1956년, '반도체의 연구와 트랜지스터 작용의 발견'으로 노벨물리학상을 공동 수상했다. 현대 트랜지스터의 아버지로 이들 모두 인정한 것이다. 하지만 이번 노벨상은 영광 못지않게 상처가 컸다. 특허권을 두고 다툼이 생겼기 때문이다. 벨 연구소가 쇼클리를 제외하고 브래튼과 바딘의 이름으로만 특허출원을 한 것이었다.

이에 쇼클리는 자신의 이름이 빠진 것을 강하게 항의하며 트랜지스터 발명은 자신의 업적이라 주장했다. 그 결과 존 바딘이 연구소를 떠났

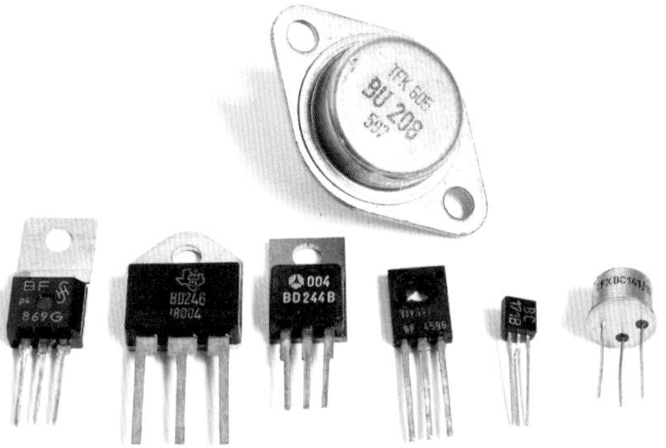

여러 종류의 트랜지스터 .

고 브래튼은 쇼클리가 팀장의 자격이 없다며 회사에 고발했다. 이러한 분쟁 끝에 결국 쇼클리도 회사를 떠나 직접 연구소를 설립하게 되었다.

어찌 되었건 이들의 눈부신 성과는 후대를 환하게 비추었다. 트랜지스터는 1948년, 초소형 라디오에 쓰이기 시작하면서 다양한 분야에 활용되었다. 쇼클리의 질투심과 경쟁심이 결과적으로 인류에게 더 발전한 형태의 트랜지스터를 만들어준 셈이다.

오다가다 줍줍!

천재 쇼클리의 쓸쓸한 죽음

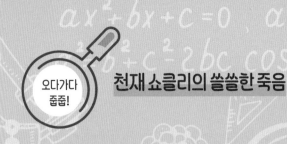

쇼클리는 말년에 우생학(종의 형질을 인위적으로 육종해 우수한 종으로 계량하는 학문)에 푹 빠져버렸다. 특히 특정 인종이 지능이 낮다는 극단적인 주장에 매료되어 우생학의 신봉자로 앞장섰다. 급기야 지능이 낮은 사람의 출산이 사회문제가 될 수 있다고 주장하며 과학계에서 큰 논란을 일으켜 퇴출 위기에 놓였다.

원래도 괴팍하고 고집스러운 면모가 있었던 그는 나이가 들수록 그 정도가 더욱 심해졌다. 남의 말을 듣지 않고 자신이 하고 싶은 말만 했다. 그가 우생학을 주장할수록 주변 사람들은 점점 그를 멀리했고 아내마저 떠나버렸다. 자녀들도 아버지의 존재를 부정해 임종을 지키지 않았을 정도였다. 인류에게 훌륭한 선물을 선사한 과학자의 말로는 무척 쓸쓸했다.

왼쪽부터 바딘, 쇼클리, 브래튼.

우주 너머 외계 생명체를 찾아서

칼 세이건 & 프랭크 드레이크

우주 어딘가에는 인류와 같은 지적 생명체가 살고 있을지도 모른다. 우주는 알면 알수록 인간의 상식을 훌쩍 뛰어넘을 만큼 방대하기 때문이다. 외계 생명에 관한 관심과 논쟁은 고대 그리스시대부터 있었다. 하지만 외계 생명체 탐사를 본격적으로 시작한 것은 1960년에나 들어서였다. 드레이크는 외계인의 존재를 찾기 위해 과학적 접근을 시도한 최초의 과학자였다. 그리고 세계적인 천문학자 세이건과 함께 외계 생명체를 찾으려 노력했다. 동료로서, 그리고 친구로서 천문학자로 함께 노력하며 외계의 행방을 추적했다.

우주의 별을 가슴에 품은 칼 세이건

"이 넓은 우주에 생명체가 인간뿐이라면 그것은 엄청난 공간 낭비다." 영화 〈콘택트〉에 나오는 명대사다. 이 우주에 존재하는 생명체는 정녕 인간뿐일까? 그렇다면 수많이 목격되는 UFO의 정체는 대체 무엇일까?

지난 2016년, 미국 대통령 선거 때 힐러리 클린턴 후보는 "만약 대통

칼 세이건(Carl Sagan), 1934~1996.

령이 되면 UFO 관련 기밀문서를 공개하겠다"라고 밝혔다. 그가 당선되면 외계 문명과 외계 생명체의 비밀이 세상에 드러나는가 싶었는데, 아쉽게도 도널드 트럼프의 승리로 돌아갔다. 이렇게 또 외계 문명에 대한 정보가 요원해지는가 싶기도 하지만, 그래도 아직 희망은 있다. 외계인과 외계 문명을 찾기 위해 평생을 바친 과학자들이 있기 때문이다.

'창백한 푸른 점'은 지구를 나타내는 가장 유명한 말이다. 이 말의 주인공은 천문학자이자 작가인 세이건이다. 그는 세계적으로 유명한 다큐멘터리 〈코스모스[Cosmos]〉를 제작했고 동명의 과학 교양서 《코스모스》

를 저술해 일약 슈퍼스타가 되었다.

세이건은 대중이 천문학을 쉽게 이해하도록 도왔다. 《코스모스》는 1980년, 출간 이후 1천만 부 이상이 팔려 역사상 가장 많이 읽힌 과학 교양서다. 다큐멘터리 시리즈로도 제작되어 60여 개국에서 5억여 명이 시청하는 기록을 세웠다.

또한 1985년에는 소설 《콘택트》를 썼는데, 전파 천문학자 앨리가 외계에서 온 신호를 수신해 외계인과 접촉한다는 내용이다. 이 책에는 외계 생명체를 만나고 싶은 그의 오랜 염원이 담겨 있다. 《콘택트》는 1997년에 동명의 영화로 개봉되어 큰 인기를 끌었다.

세이건은 미국 코넬 대학교 교수로 후학을 양성하는 한편 우주탐사에 대한 많은 계획을 세웠다. 미항공우주국NASA의 자문위원으로 활동하면서 탐사선 마리너, 파이어니어, 보이저계획, 화성 탐사 목적의 바이킹 계획 등을 주도하며 우주의 생명체를 찾는 일에 총력을 기울였다.

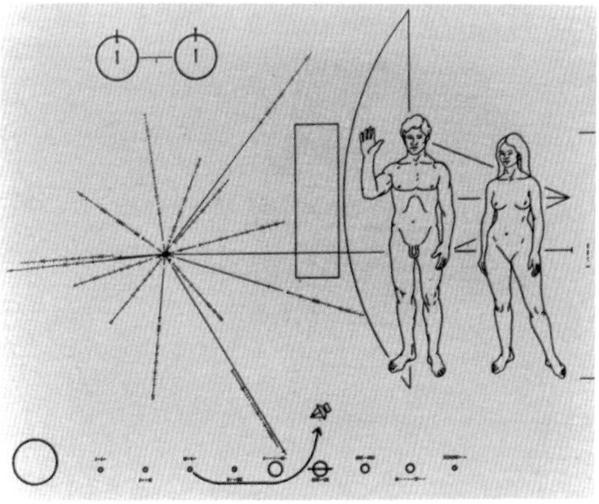

세이건의 주도로 그려 파이어니어 10호에 실린 인류가 우주에 보내는 메시지.

파이어니어 10호에 실린 메시지는 세이건의 주도로 그려졌다. 그는 파이어니어 10, 11호에 인간 남녀의 모습과 지구의 위치가 표시된 파이어니어 금속판Pioneer plaque을, 보이저 탐사선에는 인류의 문명을 의미하는 각종 인사말과 인류의 모습을 녹음한 골든레코드Golden Record를 실어 우주로 보냈다. 이 명판은 외계인이 지구와 지구인을 이해하게 하려고 만들었다. 세이건은 끊임없이 외계인과 교신하기 위한 신호를 보냈다. 우주 어딘가에 생명체가 있으리라 생각했기 때문이었다.

세이건과 함께 외계의 교신에 귀를 기울인 또 다른 천문학자 드레이크도 파이어니어 금속판 제작에 동참했다. 파이어니어 금속판은 지구인이 외계에 처음 보내는 물리적 메시지로 평가된다. 세이건과 드레이크가 얼마나 외계 문명을 찾고자 했는지 그들의 뜨거운 열망이 담긴 성과물이었다.

외계 전파에 귀 기울인 프랭크 드레이크

미국의 천체물리학자 드레이크는 과학적인 접근으로 외계인의 존재를 찾기를 시도한 최초의 과학자다. 그는 공식적으로 세이건과 함께 외계인의 흔적을 찾아 나섰다. 드레이크는 외계 생명체를 찾는 세티SETI 연구소를 설립해 외계에 보내는 전자기파로 인류와 같은 수준의 지적 문명을 지닌 생물이 있는지 확인했다.

또한 드레이크 방정식Drake equation을 고안해 인간과 교신할 수 있는 외계의 지적 생명체 수를 계산하려 했다. 드레이크 방정식에 따르면 우리

프랭크 드레이크(Frank Drake), 1930~.

은하에서 인류와 통신이 가능한 외계 문명은 최소 10개 이상으로 추정된다.

드레이크의 세티 프로젝트는 1960년, 아레시보 천문대에서 전파망원경으로 외계 지적 생명체에 대한 탐색을 시도했다. 이는 '오즈마Ozma 계획'이라 명명되었다. 1971년에는 '오즈마 계획 2'가 시행되었다. 전파망원경으로 500시간 동안 624개의 별을 대상으로 전파를 추적하는 프로젝트였다. 하지만 아쉽게도 모두 실패로 돌아갔다. 그래도 드레이크는 외계 문명을 찾는 꿈을 포기하지 않았다. 그의 염원이 담긴 세티 프로젝트는 수많은 과학자와 기업, 대학의 후원을 받으며 우주 문명을 찾는다는 희망 속에 이어지고 있다.

세이건 또한 죽는 날까지 외계 생명체를 찾으려는 열정의 끈을 놓지 않았다. 그는 골수이형증으로 고통받는 중에도 집필과 강연을 병행했고, 화성 탐사 바이킹계획을 주도하며 외계의 소리에 귀를 기울였다.

이들은 인류에게 미지의 외계 문명에 대한 존재를 과학적으로 접근해 알려주기 위해 일생을 바쳤다. 세이건은 외계인을 만나면 "왜 이렇게

늦게 왔냐고 묻고 싶다"라고 했다. 어쩌면 하늘의 별이 된 세이건은 그토록 기다려왔던 외계의 존재를 우주에서 만났을지도 모르겠다.

외계 지적 생명체를 탐사하는 전파망원경이 있는 아레시보 천문대.

오다가다 줍줍!

외계인은 아군일까? 적군일까?

스티븐 호킹은 외계인이 거의 확실히 존재한다고 생각하며 다음과 같이 말했다.

"만일 외계인이 우리를 만난다면 크리스토퍼 콜럼버스가 아메리카 대륙에 첫발을 내디뎠을 때와 같을 거로 생각한다. 그건 원주민들에게는 좋은 게 없었다."

"나는 우리가 생각할 수 없는 방식의 지능적인 생명체가 존재하리라 본다."

"침팬지가 양자이론을 이해할 수 없듯이 우리의 뇌로 생각할 수 없는 현실의 단면이 있을 것이다."

세계 각지에서 출몰하는 UFO만 봐도 지구 밖 어딘가에는 우리보다 훨씬 더 과학 문명이 발달한 외계인이 존재할지도 모른다. 만약 외계인이 정말 있다면 호킹의 말처럼 피해야 할 존재일 수도 있겠다. 영화 〈E.T〉와 같이 착한 외계인일지 〈우주 전쟁〉에 나오는 침략형 외계인일지는 알 수 없으니까 말이다.

1952년, 뉴저지주에서 관측된 UFO 추정 사진.

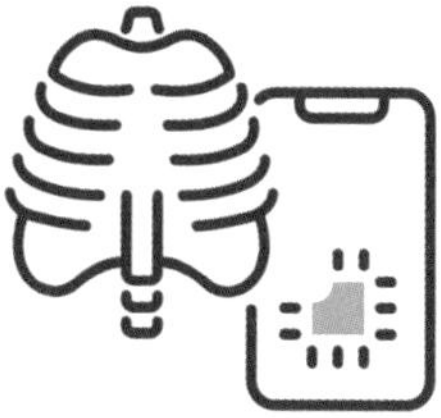

사람 몸을 통과하는 푸른빛의 시발점

빌헬름 뢴트겐 & 어니스트 러더퍼드

엑스레이[X-ray]는 오늘날 병원에서 빠질 수 없는 필수 장비다. 하지만 1895년, 뢴트겐이 엑스선을 발견했을 때만 해도 사람의 몸을 관통해 뼈를 보여주는 '정체불명의 빛'에 불과했다. 사람들은 이 '미지의 선'에 경악함과 동시에 감탄을 멈추지 못했다. 엑스선의 발견은 인류에게 크나큰 선물이었다. 수많은 사람의 몸에 숨어 있던 병을 찾을 수 있었기 때문이다. 뢴트겐이 엑스선을 발견하고 러더퍼드는 엑스선의 원자구조를 밝혀냈다. 그는 엑스선을 통해 '방사능'이라는 새로운 과학의 영역을 개척했다.

엑스선을 발견해 인류와 공유한 빌헬름 뢴트겐

뼈에 이상이 생기면 대부분 병원에서 엑스레이를 촬영한다. 사진을 보고 뼈에 금이 갔는지 부러졌는지 확인할 수 있기 때문이다. 엑스선의 활용은 여기서 그치지 않는다. 몸속을 좀 더 세밀하게 진단할 수 있는 컴퓨터 단층촬영[CT]도 엑스선의 촬영 원리를 적용했다. 이렇듯 엑스선으

빌헬름 뢴트겐(Wilhelm Röntgen), 1845~1923.

로 숨겨진 질병을 직접 확인할 수 있게 된 건 뢴트겐 덕분이다.

뢴트겐은 엑스선을 발견한 공로로 1901년에 노벨물리학상을 받았다. 엑스선은 의료 분야 외에도 표면 내부의 손상 여부를 알아내는 비파괴검사, 범죄 현장에서 사용하는 엑스선결정학* 등 다양한 분야에 활용되며 과학 발전에 이바지했다. 엑스선을 발견한 뢴트겐은 특허를 취득했다면 더 많은 돈을 벌 수 있었을 텐데 이를 거절하고 모든 사람이 쉽고 편

*엑스선을 이용하여 결정(結晶)의 구조와 성질을 연구하는 학문.

하게 이용하도록 했다.

그는 최초의 노벨물리학상 수상자며 많은 논문을 낸 저명한 물리학자였지만 말년에는 수입이 없어 고전했다. 그런데도 뢴트겐은 "엑스선은 단지 내가 발견했을 뿐이다. 그러므로 이 발견을 모든 이가 누려야 한다"라며 부자가 될 수 있는 쉬운 길을 택하지 않았다.

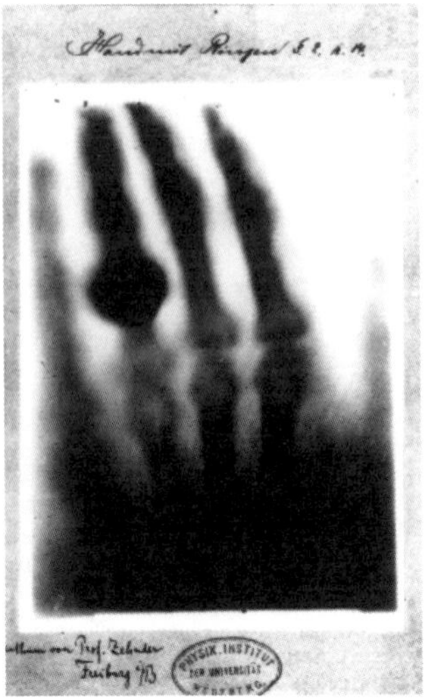
엑스레이로 찍은 뢴트겐 아내의 손.

이렇듯 인성까지 올곧았던 뢴트겐에게 일생의 곤욕을 겪게 했던 일화가 있다. 그는 고등학교 졸업장을 받지 못했다. 친구가 그렸던 교사의 불경스러운 초상화를 교사가 뢴트겐이 그린 것이라고 오해했기 때문이었다. 그래서 대학도 진학할 수 없었다. 우여곡절 끝에 고등학교 졸업장이 없어도 입학이 가능한 스위스 취리히 연방 공과대학교에 입학할 수 있었다. 그곳에서 박사학위를 받았지만, 고등학교 졸업장이 없다는 이유로 대학의 정식 교원 자리를 거절당했다. 이후에도 '고등학교 미졸업자'라는 꼬리표는 그를 오랫동안 따라다니며 괴롭혔고 그는 오래도록 실의에 빠졌다. 하지만 뢴트겐은 이 모든 것을 극복하고 엑스레이의 발견으로 제1회 노벨물리학상을 받는 영예를 얻었다.

엑스선의 원자구조를 밝힌 어니스트 러더퍼드

뢴트겐이 발견한 엑스선은 당시 많은 과학자에게 영감을 주었다. 엑스선의 발견은 과학계에도 파란을 일으킨 획기적인 사건이었다. 1908년에 노벨화학상을 받은 러더퍼드가 엑스선의 원자구조를 규명한 것도 뢴트겐의 엑스선 발견이 선행된 덕분이었다.

러더퍼드는 영국 케임브리지 대학교 졸업생을 중심으로 이루어진 케임브리지 대학교 캐번디시 연구소에서 대학원을 다녔다. 특기할 만한 점은 연구소에서 그가 유일하게 케임브리지 학위가 없는데도 처음으로 연구가 허락된 학생이었던 것이다.

어니스트 러더퍼드(Ernest Rutherford), 1871~1937.

1895년, 뢴트겐이 엑스선을 발견하자 캐번디시 연구소장인 조지프 존 톰슨Joseph John Thomson은 원자를 더 쪼갤 수 있으리라 생각하고 러더퍼드에게 기체에 미치는 엑스선 효과에 관한 공동연구를 제안했다. 이들은 기체방전 현상을 연구해 엑스선으로 기체에 전기가 흐를 수 있다는 사실을 알아냈다.

기체방전 현상이라? 다소 낯설다. 원래 기체는 전기를 전도하지 않는다. 그런데 엑스선을 쬔 기체는 쉽게 전기가 통했다. 이후 러더퍼드는 방사선의 한 종류인 알파선의 구성 입자가 산란하는 실험을 통해 원자의 중앙에는 양전하의 원자핵이 존재하고 핵 주위에는 전자가 돌고 있다는 원자모형原子模型*을 밝히고 이를 발표했다.

양자물리학에 관심이 있다면 보어의 원자모형론을 떠올린 사람도 있을 것이다. 그렇다, 이는 향후 보어로 이어지는 위대한 양자론의 출발점이 되었다. 그런데 이러한 위대한 발견을 두고 당시 사람들은 러더퍼드의 주장을 받아들이지 않고 비웃었다.

과학의 역사를 보면 사람들이 무지해서 벌어지는 사건들이 수없이 많다. 마리 퀴리가 발견한 라듐은 극악의 방사성 물질이지만, 빛이 난다고 해서 치약이며 화장품 등에 오랫동안 미백제로 사용됐다. 안타깝게도 마리 퀴리 또한 라듐의 위험성을 간과하고 오래도록 옆에 두고 연구하다 암에 걸려 세상을 떠났다.

이처럼 러더퍼드가 발표한 원자모형도 당시에는 받아들여지지 않았다. 원자가 물질을 이루는 가장 작은 단위라고 여겼기 때문이다. 즉 원자는 더 이상 쪼갤 수 없고 다른 원자로 변할 수도 없다고 생각했던 것이다. 하지만 톰슨은 원자에서 전자를 발견했고, 1919년 러더퍼드가 양성자**를 발견하면서 원자는 더 작은 단위로도 분할된다는 것을 입증했다.

*원자의 구조를 쉽게 이해할 수 있도록 고안된 모형.

**중성자와 함께 원자핵의 구성 요소가 되는 소립자의 하나.

맥길 대학교에서 연구 중인 러더퍼드.

위대한 과학의 발전 뒤에는 예상치 못한 결과가 발생하기도 한다. 알프레드 노벨Alfred Nobel이 다이너마이트를 살상용으로 개발했던 것이 아니었듯이, 인류의 생명을 구하기 위해 연구한 뢴트겐의 엑스선에서 이어진 러더퍼드의 원자핵 연구도 결국 원자폭탄 개발까지 흘러가고 만다. 원자핵이 분열할 수 있다고 밝혀진 후, 10년도 안 돼 만들어진 원자폭탄은 인류에게 씻을 수 없는 참상을 남겼다.

우리는 종종 과학이 항상 인류에게 이롭게만 작동하는 것은 아니라는 불편한 진실과 마주한다. 하지만 어떤 결과가 따를지는 인간이 어떤 방식으로 과학의 이기를 사용하느냐에 달려 있다. 탄도미사일을 만들어 수많은 생명을 앗아갔던 베르너 폰 브라운Wernher von Braun이 훗날 인공위성과 로켓을 만들어 인류의 우주개발에 커다란 공헌을 하기도 했으니 말이다.

아무튼 뢴트겐과 그를 이은 러더퍼드의 끈질긴 연구 덕분에 우리 몸 속 깊이 숨은 병의 정체를 드러낼 수 있게 됐으니, 위험을 무릅쓰고 연구에 몰두한 이들의 집념과 열정에 찬사를 보낸다.

오다가다 줍줍!

제1차 세계대전에 사용된 엑스레이

제1차 세계대전 당시 프랑스 소도시 베르뎅에서 프랑스군과 독일군이 치른 전투는 가장 치열했으며 그만큼 많은 사상자가 발생했다. 이에 마리 퀴리는 여러 병원에 엑스레이 치료 시설을 갖추도록 했다. 그리고 사비를 털어 전장에서 바로 사용할 수 있도록 차량에 엑스레이 시설을 탑재한 이동식 방사선 검사반을 만들어 군인들의 부상을 치료했다.

마리 퀴리가 개발한 이 엑스레이 트럭은 부상자들의 총알과 포탄이 어디에 박혔는지 찾아낼 수 있어 여러 생명을 구하는 데 큰 도움을 주었다. 마리 퀴리는 1903년, 여성 최초로 노벨물리학상을 수상했고 1911년에는 첫 여성 노벨화학상 수상자라는 영예까지 누리게 되었다.

마리 퀴리가 개발한 엑스레이가 탑재된 트럭.

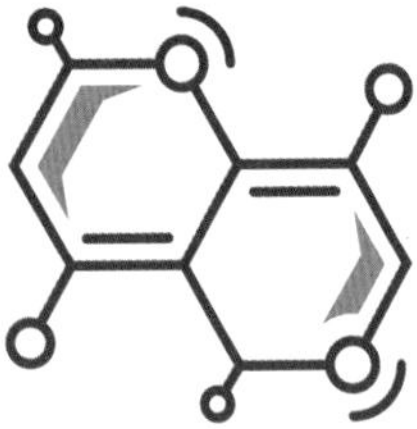

'화학' 하면 떠오르는 주기율표, 그 창시자는 누구일까?

드미트리 멘델레예프 & 헨리 모즐리

"수헬리베 붕탄질산 플네나마……." 학창 시절 줄기차게 외웠던 원소주기율표의 암기법을 기억하는가? 괴상한 주문처럼 들리지만 '수헬리베……'는 각 원소 이름의 앞 글자를 딴 것이다. '수'는 원자번호 1번 수소, '헬'은 2번 헬륨, '리'는 3번 리튬을 뜻한다. 이 원소주기율표에는 인류 과학사를 빛낸 커다란 정보가 숨어 있다. 멘델레예프와 모즐리가 개발한 원소주기율표를 통해 원자의 성질과 상관관계를 예측할 수 있게 되었고, 나아가 화학 전반의 중대한 기틀을 다질 수 있었다.

원소 질량 크기로 주기율표를 만든 드미트리 멘델레예프

17세기는 연금술이 성행했다. 연금술사들은 값싼 금속에서 금Gold을 추출하려고 했다. 심지어 소변에서 금을 추출하기 위해 다양한 방법을 동원하기도 했다. 사실 당시에는 원소라는 개념이 없었기에 소변에서 '금'이 아니라 '인Phosphorus'을 추출한 것이지만, 그때는 정체를 정확히

드미트리 멘델레예프(Dmitry Mendeleyev), 1834~1907.

알 수 없었다. 아무리 무지해도 소변에서 금이 나온다고 믿었다는 것은 충격이다. 몸에서 금이 배출된다면 사람 장기에 금이 있다는 이야기 아닌가!

당시 연금술사들은 소변에서 추출한 인을 연금술로 얻을 수 있는 최고의 가치이자 상상의 물질인 '현자의 돌'이라고 생각했다. 이 인이 원소로 정확히 규정되는 것은 18세기에 이르러서다. 프랑스의 화학자 앙투안 라부아지에Antoine Lavoisier는 17세기 로버트 보일Robert Boyle이 주장한 '원소'라는 개념을 실험으로 입증했다. 보일은 원소를 "실험으로 더 이상 분

Reihen	Gruppe I. — R^2O	Gruppe II. — RO	Gruppe III. — R^2O^3	Gruppe IV. RH^4 RO^2	Gruppe V. RH^3 R^2O^5	Gruppe VI. RH^2 RO^3	Gruppe VII. RH R^2O^7	Gruppe VIII. — RO^4
1	H=1							
2	Li=7	Be=9,4	B=11	C=12	N=14	O=16	F=19	
3	Na=23	Mg=24	Al=27,3	Si=28	P=31	S=32	Cl=35,5	
4	K=39	Ca=40	—=44	Ti=48	V=51	Cr=52	Mn=55	Fe=56, Co=59, Ni=59, Cu=63.
5	(Cu=63)	Zn=65	—=68	—=72	As=75	Se=78	Br=80	
6	Rb=85	Sr=87	?Yt=88	Zr=90	Nb=94	Mo=96	—=100	Ru=104, Rh=104, Pd=106, Ag=108.
7	(Ag=108)	Cd=112	In=113	Sn=118	Sb=122	Te=125	J=127	
8	Cs=133	Ba=137	?Di=138	?Ce=140	—	—	—	— — — —
9	(—)	—	—	—	—	—	—	
10	—	—	?Er=178	?La=180	Ta=182	W=184	—	Os=195, Ir=197, Pt=198, Au=199.
11	(Au=199)	Hg=200	Tl=204	Pb=207	Bi=208	—	—	
12	—	—	—	Th=231	—	U=240	—	— — — —

1871년, 멘델레예프가 만든 주기율표.

해할 수 없는 물질"이라고 주장했는데, 라부아지에는 이러한 보일의 이론을 증명하고 33가지 기본 원소를 발표하며 원소의 개념을 명확히 정의했다.

19세기 들어 과학자들은 그동안 발견된 다양한 원소를 체계적으로 분류하고 배열하면서 원소 간의 연관성을 연구하고 있었다. 러시아의 화학자 멘델레예프도 그중 한 명이었다. 그는 원소를 질량의 크기 순서로 배열해 원소들 사이에 주기성이 있음을 밝혔다. 이를 도식화한 것이 오늘날 원소주기율표의 시초였다.

멘델레예프는 1879년, 러시아 화학회에서 63종 원소를 원자량이 증가하는 순서대로 나열한 주기율표를 발표했다. "주기율표만 이해해도 화학의 반은 안 것이나 다름없다"라는 말이 있을 정도로 주기율표는 오늘날 화학을 쉽게 이해하고 공부할 수 있도록 인도하는 이정표가 되었다.

멘델레예프는 초기 주기율표를 고안한 업적을 인정받아 1906년, 노벨화학상 후보에 올랐다. 하지만 안타깝게도 플루오린Fluorine* 분리에 성공한 프랑스의 화학자 앙리 무아상Henri Moissan에게 단 한 표 차이로 지면서 수상을 놓쳤다.

멘델레예프의 식견은 노벨상 수상과는 별개로 현대까지 널리 빛나고 있다. 그는 당시 발견된 원소 외에도 후대에 추가로 원소가 발견될 것을 예측했다. 그래서 그의 주기율표에는 나중에 발견된 원소들로 채워질 빈칸들이 자리하고 있었다. 멘델레예프의 원소주기율표는 후대 과학자들이 발견한 원소를 추가하는 수정을 거쳐 지금의 주기율표로 발전할 수 있었다.

현대 주기율표를 완성한 헨리 모즐리

멘델레예프의 주기율표는 오늘날 우리가 사용하는 것과는 다소 차이가 있다. 그의 주기율표를 토대로 영국의 물리학자 모즐리가 만든 결과물이 바로 현대의 주기율표이다. 그는 멘델레예프의 주기율표를 원자번호 순서로 정리했다.

주기율표를 원자번호로 재정렬하면서 모즐리는 멘델레예프의 주기

*자극적인 냄새가 나는 연한 누런빛을 띤 녹색 기체로 원자 기호는 F, 원자 번호는 9.

헨리 모즐리(Henry Moseley), 1887~1915.

모즐리가 실험에 이용했던 엑스레이 튜브.

율표에서 생겼던 문제점을 해결했다. 그가 주기율표를 원자번호로 정리한 이유는 모든 원소의 화학적 성질이 원자량의 크기가 아니라 원자번호에 의해 결정되는 것이 밝혀졌기 때문이다.

한편 모즐리는 엑스선의 원자구조를 알아낸 어니스트 러더퍼드의 제자로, 그의 밑에서 방사선을 연구하다 엑스선 연구로 전향했다. 그의 업적도 엑스선을 연구했던 덕분으로, 위대한 발견의 뒤에는 엑스선이 굳건히 받치고 있는 것을 보면 '인류 역사 발전에 엑스선이 참 많은 기여를 했구나' 하고 새삼 깨닫게 된다.

모즐리는 각 원소의 고유 엑스선을 측정해 엑스선의 진동수가 근사적으로 원자번호의 제곱에 비례함을 알아냈다. 이것이 바로 모즐리의 법칙Moseley's law이다. 모즐리의 법칙은 원자번호가 명확하지 않은 원소의 주기율표상 위치를 알아내는 데 활용되었다.

주기율표를 초기에 만든 멘델레예프에 뒤이어 오늘날 우리에게 친숙한 주기율표에 한걸음 더 다가간 모즐리도 노벨상과 인연이 없었다. 모즐리는 노벨상 수상을 앞두고 제1차 세계대전 때 자원입대했는데, 안타깝게도 갈리폴리 전투에서 전사했다.

멘델레예프와 모즐리, 어쨌든 두 사람의 원소 찾기 여정은 대성공이었다. 그리고 과학자들은 앞으로 우리가 찾지 못한 우주의 또 다른 원소들을 찾을 것이다. 아인슈타인의 중력파가 100년 뒤 증명된 것처럼 과거의 과학자들이 찾은 수많은 퍼즐이 하나둘씩 맞춰지고 있으므로 기대를 걸어볼 만하다.

오다가다 줍줍!

멘델레예프 어머니의 유언

멘델레예프의 어머니 마리아는 뜨거운 교육열의 소유자였다. 아들의 영민함을 알아차린 어머니는 러시아 최고 명문 모스크바 국립대학교에 입학시키기 위해 시베리아에서 모스크바까지 먼 거리를 이사했다. 하지만 안타깝게도 시베리아 출신이라는 점 때문에 입학할 수 없었다. 이후 상트페테르부르크의 대학교와 의학교에도 지원했으나 역시 거절당했다. 결국 차선책으로 교원 양성소에 들어갈 수밖에 없었고 멘델레예프는 우수한 성적으로 졸업 후 교사가 되었다.

어머니는 아들에게 "신성한 진리와 과학탐구를 위해 노력하라"라는 유언을 남겼다. 그리고 아들은 어머니의 유언을 지키기 위해 노력했다. 어머니의 유언은 멘델레예프가 현대 화학의 기틀인 주기율표를 만든 계기가 되었다고 할 수 있겠다.

멘델레예프의 연구를 기념한 우표.

behind story

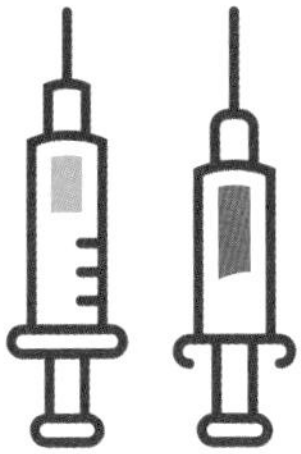

백신 개발에 발 벗고 나선 영웅들

에드워드 제너 & 조너스 소크

전 세계에 불어닥친 코로나19의 영향으로 백신vaccine의 중요성을 체감하고 있다. 천연두와 소아마비 등 인류 최악의 질병이 현재 거의 자취를 감춘 것도 백신 덕분이다. 기원전 1만 년경부터 20세기까지 인류를 괴롭혀왔던 천연두는 영국의 의학자 제너가 개발한 백신 덕분에 인류가 박멸한 최초의 질병이 되었다. 뇌신경조직이 손상되어 하지마비를 일으키는 소아마비도 이제는 거의 사라졌다. 미국의 의학자 소크의 백신 덕분이다. 활동한 시대는 다르지만, 이 두 사람은 백신 개발에 앞장서 인류를 구원한 거대한 영웅들이다.

천연두 백신을 만든 에드워드 제너

"얘야, 울면 호랑이가 잡아간다"라며 아이를 어르고 달래던 시절이 있었다. 호랑이 담배 피우던 시절 이야기가 아니다. 조선시대만 해도 호환(호랑이에 물려 죽는 것), 마마(천연두)를 세상에서 가장 두려워했다.

에드워드 제너(Edward Jenner), 1749~1823.

천연두는 '두창'이라고도 하며 천연두 바이러스variola major에 감염되어 앓는 질병이다. 한번 걸리면 사망에 이르기 쉬워 높은 치사율을 자랑한다. 급성 발열과 발진 등의 고통을 견디고 살아남는다고 해도 얼굴에 평생 지워지지 않는 흉터를 남겨 많은 사람을 괴롭게 했다. 병마를 힘겹게 이겨내더라도 군데군데 움푹 파인 상처가 가득했으니 살아가면서도 계속 고통스러웠을 것이다.

천연두는 기원전 1만 년경부터 존재한 최초의 팬데믹Pandemic으로 꼽힌다. 학계에서는 이집트 람세스 5세 미라에서 발견한 농포성 발진을 천연두의 가장 오래된 흔적이라고 보고 있다. 천연두가 가장 심하게 유행했던 시기는 18세기 유럽에서였다. 이때 각국 감염자의 20퍼센트에서 많게는 60퍼센트까지 사망했다. 더욱이 아이들이 걸리면 사망률이 80퍼센트까지 치솟았다. 그러다 20세기에 이르러 사망자가 줄어들기 시작했다. 백신이 널리 보급되면서 천연두가 서서히 자취를 감추었던 것이다. 그리하여 1980년, 마침내 천연두는 인류가 완벽하게 정복한 바이러스가 되었다.

그 일등 공신이 바로 제너다. 그는 백신을 최초로 개발한 의학자다. 백신이란 말은 제너가 우두법을 성공시킨 암소[cow]를 뜻하는 라틴어 'vacca'에서 유래했다. 제너는 천연두에 걸린 소와 접촉한 사람은 천연두를 약하게 앓고 지나간다는 것을 알게 되었고, 천연두에 걸린 소에서 뽑은 면역물질인 우두를 사람에게 접종하는 우두법(종두법)을 만들었다.

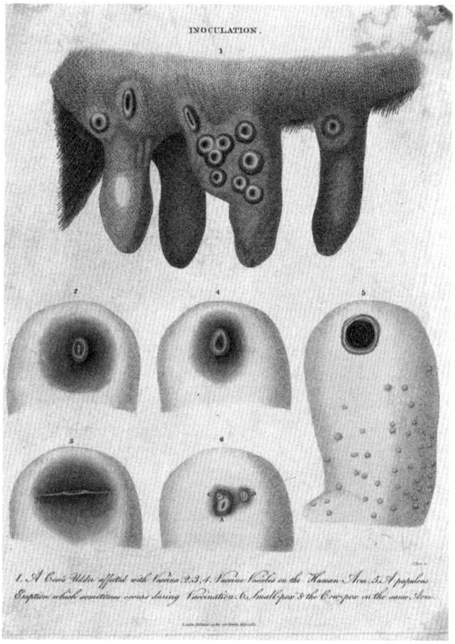

소의 우두 발진을 이용해 백신을 만든 제너.

우두법 이전에는 천연두를 예방하기 위해 환자의 딱지 등 감염 물질을 피부에 접촉하는 인두법이 시행됐었다.

인두법은 성공하면 면역력을 얻을 수 있지만 심각한 감염이 동반되거나, 인두법을 시행한 환자가 다른 사람들에게 천연두를 전염시키는 부작용 때문에 논란이 있었다.

우두바이러스cowpox virus는 천연두 바이러스와 같은 과에 속하는 두痘 바이러스의 일종이다. 제너는 우두 발진에서 나온 물질이 인두법과 같은 원리로 면역력을 증진시킴을 알아냈으며, 우두를 이용하는 방법이 인두법보다 훨씬 안전함을 확인했다. 그리고 1796년, 우두를 이용한 백신 접종의 효율성을 입증해 마침내 인류와 천연두의 전쟁을 인간의 승리로 이끌었다.

소아마비 백신을 무료로 공급한 조너스 소크

소아마비는 흔히 소아에게 발병하며 뇌 신경조직을 손상하고 하지 마비를 일으킨다. 이 바이러스에 감염되면 수 시간에서 수일 내에 하반신 마비가 급속도로 진행되며 고열과 흉통, 구토, 관절통 등의 고통을 겪다 사망에 이른다. 산 사람도 평생 제대로 걷지 못하는 불구가 되거나 금속 인공호흡기를 차고 지내야 하는 고통이 따랐다.

소아마비는 유행과 정체를 반복하다 1952년 정점에 이르렀다. 무려 5만 8천 건의 소아마비가 기록됐고 그중 3,145명이 사망했다. 그러다 1955년, 미국의 의학자 소크가 백신을 개발하면서 기적적으로 대부분의

조너스 소크(Jonas Salk), 1914~1995.

나라에서 자취를 감추게 되었다.

미국 뉴욕 의과대학교에 진학한 후 의사가 되기로 한 소크는 1948년, 소아마비 연구 프로젝트에 동참해 백신 연구에 매달렸다. 그는 소아마비 종식을 위해 자신을 임상시험 대상으로 삼는 등 파격적인 방법을 동원하여 밤낮없이 연구에 매진했다. 그 결과 7년 만에 소아마비 백신 개발에 성공하고 빠른 시일 내에 소아마비를 종식할 수 있었다. 인류가 정복한 몇 안 되는 전염병이 천연두와 소아마비인 것을 생각하면 제너와 소크가 얼마나 위대한 과학자였는지 다시 한번 실감난다.

두 사람은 선의를 베푼 의사로서도 맞대결을 붙일 만하다. 소크는 백신을 무료로 공개했는데, 그 어떤 특허권이나 이윤 추구를 위한 제안도 전부 거절했다. 세계적으로 소아마비가 종식되려면 백신을 무상으로 공급해야 한다고 판단했기 때문이었다. 소크의 바람대로 백신이 배포된 지 2년 만에 소아마비는 이전 대비 90퍼센트까지 감소했다.

제너 역시 평생을 면역학 연구에 할애했다. 천연두 예방을 위해 백신을 접종하는 종두법을 개발해 수많은 생명을 구했다. 이를 이용해 큰

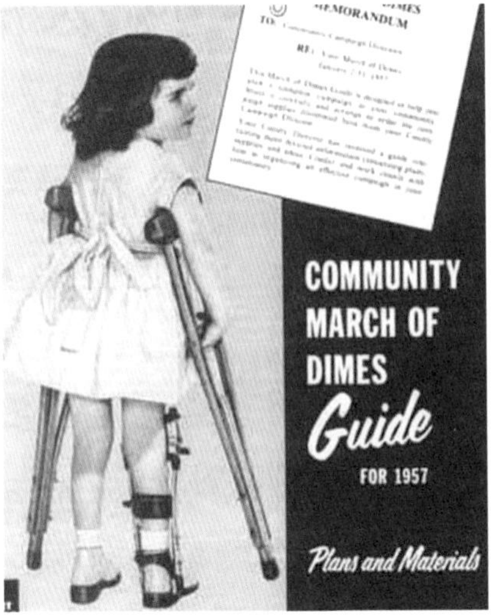

어린이 하지마비(소아마비)를 알리는
폴리오 바이러스 포스터.

돈을 벌 수도 있었는데도 제너는 종두법의 발명을 사익을 위해 쓰지 않았다. 그는 부자가 되는 대신 종두법을 널리 알리는 데 더 힘썼다.

제너와 소크는 백신으로 인류를 오랜 고통에서 구원했다. 코로나19도 풍토병처럼 변해 매년 독감 주사처럼 백신을 맞아야 할지도 모른다는 위기감을 줄 만큼 위협적이다. 마치 우리가 경험하지 못했던 콜레라와 페스트, 스페인독감 팬데믹을 글로 배운 것처럼 후손들의 교과서에는 코로나19 팬데믹의 역사가 쓰일 것이다. 이처럼 우리도 지금 역사의 한 페이지를 살아가고 있는 셈이다. 이런 대대적인 전염병을 물리쳤다고 코로나19의 이름 옆에 나란히 기록될 새로운 백신 개발자가 제너와 소크처럼 등장하기를 기다려본다.

오다가다 줍줍!

역사상 가장 파괴적인 전염병, 스페인독감

스페인독감은 1918년 초여름, 프랑스에 주둔해 있던 미군 부대에서 처음 환자가 발생한 것으로 알려져 있다. 제1차 세계대전이 끝난 뒤 미군 병사들이 본국으로 귀환하면서 그해 9월엔 미국에까지 퍼졌다. 1920년 6월, 극지방까지 확산되어 전 세계에서 2년 동안 2,500만~5,000만 명이 목숨을 잃은 것으로 추정된다. 놀랍게도 이는 제1차 세계대전의 사망자 900만 명보다 훨씬 많은 숫자다. 한국에서도 스페인독감을 피할 수 없었는데 당시 '무오년독감'이라고 불리며 14만여 명이 목숨을 잃었다고 한다.

그런데 사실 스페인독감의 발원지는 스페인이 아니다. 스페인이라는 이름이 붙은 것은 미국을 포함한 대다수 1차 세계대전 참전국들은 언론을 통제했던 반면, 참전국이 아니었던 스페인은 이 병에 관한 심각성을 여과 없이 보도했기 때문에 스페인독감이라는 이름이 붙게 되었다.

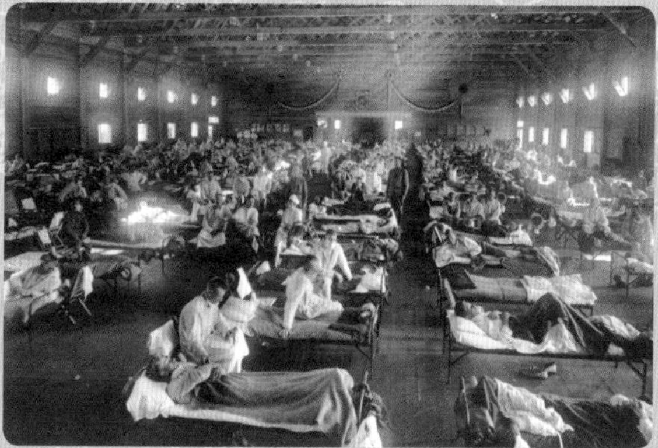

1918년, 스페인독감으로 치료받는 환자들.

CHAPTER 2

천부적 재능의 천재

카를 프리드리히 가우스 & 베른하르트 리만

레온하르트 오일러 & 에르되시 팔

피에르 드 페르마 & 앤드루 와일스

존 폰 노이만 & 스리니바사 라마누잔

존 내시 & 쿠르트 괴델

로버트 오펜하이머 & 에드워드 텔러

에토레 마요라나 & 그리고리 페렐만

에바리스트 갈루아 & 로절린드 프랭클린

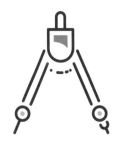

누가, 언제
소수의 비밀을 풀 것인가

카를 프리드리히 가우스 & 베른하르트 리만

세상을 바꾼 수학 천재 중 가우스를 빼놓을 수 없다. 가우스는 19세기 가장 위대한 수학자로 18세기 수학 이론과 방법론에 혁명을 가져왔다. 그는 리만과 함께 소수의 세계를 밝히기 위해 노력했다. 스승인 가우스의 뒤를 이어 소수의 비밀에 도전한 제자 리만은 지금도 풀리지 않은 세계 7대 난제 리만가설[Riemann hypothesis]을 발표한 장본인이다. 160년이 지난 지금도 아직 증명되지 못한 리만가설……. 그들은 왜 소수의 비밀을 파헤치려고 했을까?

◎ 근대 수학의 기틀을 마련한 카를 프리드리히 가우스

19세기 수학자 가우스, 그의 이름은 21세기인 지금에도 곳곳에 남아 그 흔적을 찾아볼 수 있다. 시험에서 고난도 문제에 속하는 가우스 기호, 가우스 함수가 그것이다. 가우스는 물리학자이기도 해서 물리학에도 그의 이름을 딴 전자기단위(G)가 있다. 이렇듯 그는 대수학, 해석학, 기하학에 뛰어난 업적을 남겼고 수학을 수리물리학에서 독립시켜 순수

카를 프리드리히 가우스(Carl Friedrich Gauss), 1777~1855.

수학의 기틀을 마련했다. 과연 가우스가 얼마나 대단했기에 160년이 지난 지금도 우리 삶에 이토록 영향을 주는 것일까?

어릴 적부터 그는 수에 관심이 많았다. 가우스는 자신만의 독특한 셈법으로 수를 계산해 사람들을 놀라게 했는데, 주로 주방에서 어머니와 함께 양배추나 감자 다발을 계산하면서 놀았다. 유년 시절에는 수학 신동으로 불렸다. 초등학생 시절 1부터 100까지 더한 수를 구하라는 문제를 보고 단번에 5050이라고 대답한 일화는 유명하다. 그는 숫자를 일

일이 더하지 않고 수열을 이용해 계산했다. 수열이란 일정한 규칙에 따라 배열된 수의 열을 말한다. 가우스는 등차수열*의 합을 이용해 순식간에 답을 찾아냈다. 그의 나이 아홉 살 때 이미 수의 규칙성을 일찌감치 깨닫고 등차수열의 원리를 꿰뚫어 본 것이다.

가우스는 가난한 벽돌공의 아들로 태어났다. 가정 형편이 어려워 공부하기가 쉽지 않았지만, 그의 영재성을 알아본 어머니와 학교의 지원으로 독일 괴팅겐 대학교에 조기 진학할 수 있었다. 그는 대학에 들어간 후 정17각형의 작도법**을 증명했다. 이 작도법은 2천 년간 풀리지 않았던 난제였다. 그는 불과 19세에 이 난제를 푸는 데 성공했다.

가우스는 수학뿐 아니라 천문학에도 뛰어난 업적을 남겼다. 대표적으로 세레스Ceres의 공전궤도를 정확히 계산했다. 세레스는 1801년, 이탈리아 천문학자 주세페 피아치Giuseppe Piazzi가 발견한 왜행성이다. 가우스는 세레스의 공전궤도를 계산해 다음에 나타날 지점을 정확하게 예측했다. 이 또한 자신이 고등학교 시절에 만든 최소제곱법을 이용해 일군 업적이니 그 천재성이 대단하다고 할 수 있겠다.

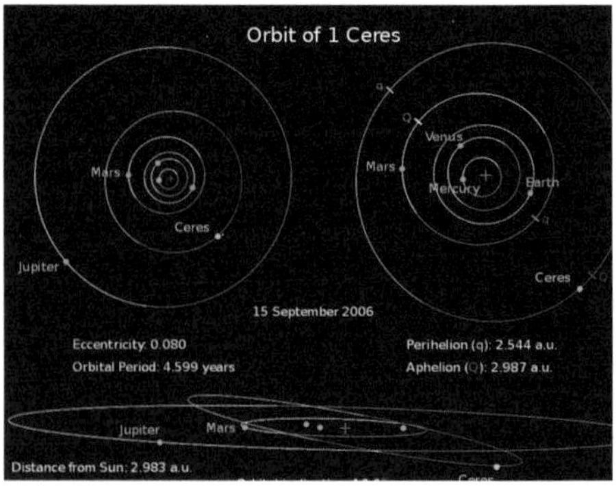

세레스의 공전궤도.

*어떤 수와 그 수에 차례로 일정한 수를 더해 얻어지는 수열.

**자와 컴퍼스만을 써서 주어진 조건에 알맞은 선이나 도형을 그리는 방법.

◎ 160년 동안 풀지 못한 난제의 주인공, 베른하르트 리만

소수는 1과 그 수 자신 이외의 자연수로는 나눌 수 없는 자연수로 2, 3, 5, 7 등이 소수에 해당한다. 가우스는 소수에 매료되어 300만 이하의 소수를 모두 밝히는 등 소수 연구에 몰두했다. 가우스의 제자 리만 역시 스승을 본받아 오차 없이 완전하게 소수의 개수를 세는 공식을 만들려고 시도했다.

베른하르트 리만(Bernhard Riemann), 1826~1866.

리만은 기하학과 해석학에 폭넓은 업적을 남긴 수학자였다. 또한 상대성이론에 사용되는 개념과 방법에 영향을 주는 등 근대 수학과 근대 이론물리학의 기틀을 마련하는 데에도 일조했다. 리만도 가우스 못지않은 수학 천재였다. 일찍이 미적분학과 정수론을 통달한 그는 학창 시절 교사의 지도 능력을 넘어서는 뛰어난 수학 실력을 보였다.

리만은 수학에서 물리학으로 학문의 영역을 확장했다. 현대물리학의 장이론場理論도 리만이 제시한 개념이다. 그는 근대 수리물리학의 근간이 될 다양한 독창적인 개념을 발전시켰다. 리만의 유명세는 그가 1859년에 '리만가설'을 발표하면서 더욱 높아졌다. 리만가설을 요약하면 '소수의 분포에 관한 추측'이다. 그는 소수의 배열에는 일정한 규칙이 있을 것이라고 가정했다.

수학자이자 작가인 에릭 템플 벨Eric Temple Bell은 "가우스가 자신이 발견한 것을 당시에 모두 출간했다면 수학을 50년 정도 발전시켰을 것"이라고 평가했다. 또한 독일의 수학자인 다비트 힐베르트David Hilbert는 "1천 년 뒤에 내가 다시 살아난다면 가장 먼저 리만가설이 증명됐는지 물어볼 것이다"라고 말했다. 이렇듯 여러 학자에게 거론되었던 가우스와 리만은 뉴턴, 아르키메데스와 함께 인류 수학사에 커다란 공헌을 한 수학 천재였다.

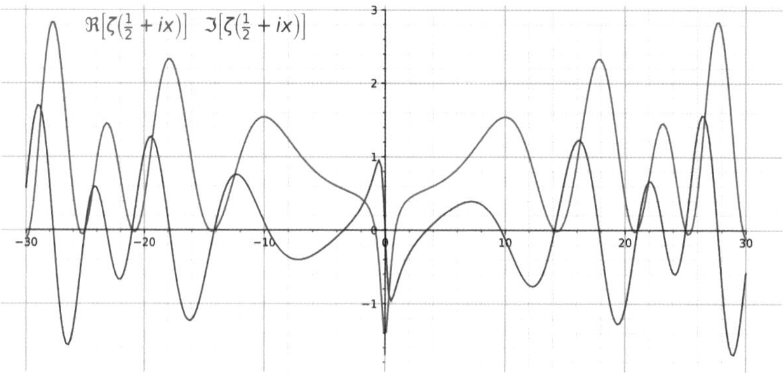

실숫값이 2분의 12인 임계선 위에서 리만제타함수의 실수부(적색)와 허수부(청색)값을 나타낸 그래프.

미국 클레이 수학연구소CMI*는 2000년, 세계 7대 수학 난제를 발표하면서 한 문제당 100만 달러의 상금을 걸었다. 리만가설도 그중 하나다. 많은 사람이 증명에 도전했지만 모두 실패했다. 리만가설은 양자물리학과 밀접한 관계가 있다. 혹자는 리만가설이 풀리면 현존하는 공개키의 암호체계를 무력화해서 큰 혼란을 줄 것이라며 우려하기도 하고, 누군가는 양자역학의 비밀을 푸는 열쇠가 될 것이라고 주장한다.

리만가설이 100년 안에 풀릴 수 있을까? 만약 수백 년을 이어 오랫동안 여러 수학자를 괴롭히던 리만가설의 비밀이 밝혀진다면 다가올 미래는 지금과는 차원이 다른 세계가 될 것이다.

*연구자를 위한 다양한 지원 및 수상을 통해 수학자를 양성하는 미국 매사추세츠주의 비영리 단체.

오다가다 줍줍!

천재를 알아본 가우스의 혜안

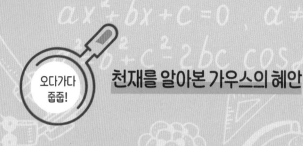

리만은 미분기하학에 선구적인 공헌을 하며 일반상대성이론의 기틀을 다졌다. 어쩌면 자신보다 스승 가우스가 만족할 만한 연구 활동을 했기에 오늘날 더욱 유명해진 것일 수도 있다. 사실 리만의 아버지는 그가 자신의 뒤를 이어 신학을 공부하길 바라고 신학교에 보냈지만, 리만의 출중함을 알아본 가우스의 권고로 신학을 포기하고 수학을 공부했다.

훌륭한 수학자이자 천문학자였지만 가우스는 자신의 연구에 제자를 많이 받지 않았다. 그는 몇 명의 제자만 두었는데 가르치는 것도 싫어했다고 한다. 사실 그의 주변에는 많은 수학자가 있었지만, 가우스가 만족했던 제자는 그리 많지 않았다. 그런 가우스가 신임했던 제자가 바로 리만이다. 까탈스럽고 완벽주의자였던 스승이 신뢰했던 제자 리만은 '리만가설'을 탄생시키며 위대한 스승 가우스보다 더 커다란 수학 숙제를 인류에게 남겼다.

청출어람이라는 말이 이 경우 맞을지 모르겠지만, 리만가설로 스승이었던 가우스보다 리만이 후대에 더 주목받으며 세간에 이름이 오르내리는 것을 보면 천재를 알아본 가우스의 혜안도 놀랍다.

수학 난제 풀기를 즐긴 논문 다작왕들

레온하르트 오일러 & 에르되시 팔

인류 역사상 많은 천재가 자신의 업적에 빛나는 많은 논문을 내놓았다. 그렇다면 세상에서 가장 많은 논문을 쓴 수학자는 누구일까? 수많은 수학 천재가 있지만 18세기 가장 저명한 수학자 오일러와 20세기 수학 천재 에르되시를 꼽을 수 있겠다.

866편의 논문을 쓴 레온하르트 오일러

오일러는 역사상 손에 꼽게 위대한 수학자이자 물리학자이다. 그는 평생 약 92권의 전집과 866편에 달하는 논문을 남겼다. 오일러는 대수학, 미적분학, 정수론, 기하학 등 수학의 거의 모든 분야에 큰 공을 세웠다.

오일러-라그랑즈의 방정식, 오일러의 정리, 오일러 항등식 등 수많은 수학 공식을 만들었다. 수학에서 함수의 개념을 도입하고 f(x) 기호를 처음 쓴 것도 오일러다. 여러 방면에서 천재였던 오일러는 수학뿐 아니

레온하르트 오일러(Leonhard Euler), 1707~1783.

라 과학계에서도 대단한 활약을 펼쳐 고전역학, 유체역학, 천문학, 광학 분야에서도 뛰어난 업적을 남겼다.

천재의 학습 능력은 어린 시절부터 독보적이었다. 오일러는 여러 학문에 재능을 보였지만 그중 가장 큰 관심을 보인 분야는 수학이었다. 그의 천재적인 수학 실력을 눈여겨본 또 다른 수학 천재가 있었으니 바로 요한 베르누이(Johann Bernoulli)다. 그는 어린 오일러에게 개인교습을 해주며 수학 공부를 독려했다. 덕분에 오일러는 13세의 어린 나이에 스위스 바젤 대학교에 입학할 수 있었고 석박사과정도 6년 만에 마칠 수 있었다.

이후 베르누이의 아들 다니엘의 추천을 받아 러시아로 간 오일러는 상트페테르부르크 과학아카데미에서 물리학과 정교수로 발탁되었다. 그의 나이 불과 24세 때의 일이다.

천재들의 취미는 무엇일까? 놀랍게도 퍼즐이나 스도쿠를 풀듯이 난제를 푸는 것이다. 특히 오일러도 난제 풀이를 무척 즐겼다. 오랫동안 아무도 풀지 못했던 미지의 문제들을 오일러는 취미 삼아 속속 풀어냈다. '쾨니히스베르크 다리 건너기' 문제도 그중 하나였다.

1736년, 당시 프로이센의 쾨니히스베르크에 사는 사람들은 강 중심섬과 연결된 7개의 다리를 건너 오갔다. 그때 '이 다리를 딱 한 번씩만 지나 모든 다리를 건널 수 있는지'가 큰 이슈로 떠올랐다. 이에 많은 논

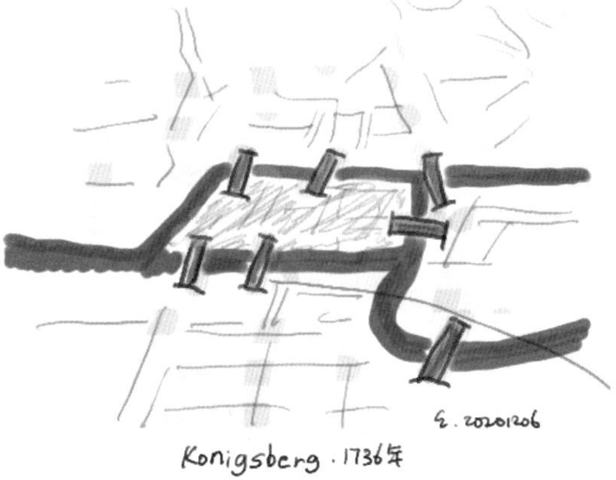

오일러가 풀은 쾨니히스베르크 7개 다리의 난제.

쟁이 오갔지만 명쾌하게 증명하는 학자는 없었다.

우리에게 친숙한 한붓그리기*가 바로 이 난제를 푸는 열쇠였다. 그래프이론에서는 이를 오일러 경로Euler path라고 한다. 오일러는 쾨니히스베르크의 모든 다리를 단 한 번만 거쳐서는 절대 출발한 지점으로 돌아올 수 없다고 결론 내렸고, 이를 보란 듯이 증명했다.

수학자 중 가장 많은 논문을 쓴 에르되시 팔

에르되시는 세 살에 암산으로 세 자릿수 곱셈을 했고 네 살에 음수의 개념을 깨친 자타 공인 신동이었다. 그는 오일러와 함께 역사상 가장 많은 책과 논문을 남긴 수학자로도 이름을 떨쳤다.

에르되시는 생전 1,500여 편의 논문과 조합론, 그래프이론, 정수론 등 모든 수학 분야에 괄목할 만한 업적을 남겼다. 일주일에 한 편씩 논문을 써도 28년이라는 세월이 걸린다는 소리니 정말 '억' 소리가 절로 난다.

에르되시 팔(Paul Erdös), 1913~1996.

에르되시는 누구보다 특이한 인생

*연필을 종이에서 떼지 않고 동일한 선을 두 번 이상 지나지 않도록 어떤 선을 그리는 것.

을 산 수학 천재였다. 특정한 거주지 없이 미국과 유럽 등 여러 나라를 떠돌며 500여 명의 학자와 함께 공동논문을 작업했다. 얼마나 많은 사람과 협업했는지 에르되시 사후에는 그와 얼마나 가까웠느냐에 따라 수학자를 분류하기도 했다. 이를 '에르되시 수'라고 한다.

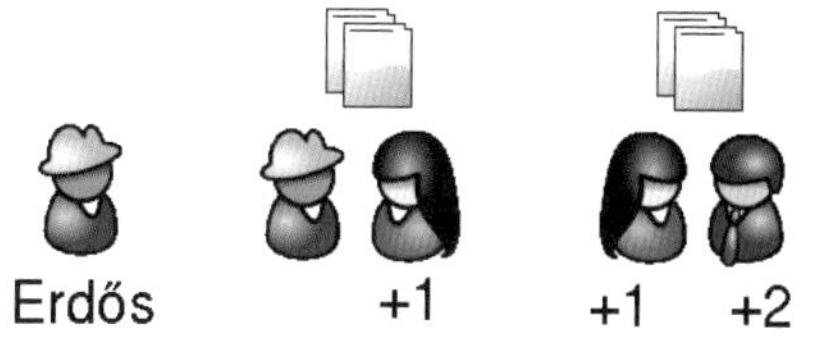

에르되시 수를 의미하는 그림.

에르되시와 직접 논문을 쓴 수학자는 511명이었는데 이들은 에르되시 수로 '에르되시 1'이 된다. '에르되시 1'로 분류된 학자와 함께 공저자를 하게 되면 그는 '에르되시 2'가 된다. '에르되시 2'의 학자들과 협업을 하면 그는 '에르되시 3'이 되는 식이다. 번호는 7까지 나왔고 이 번호는 경매에 판매될 정도로 인기를 끌었다. 그와 공저하는 일이 얼마나 영광스러운지 실감케 한다.

천재들끼리는 서로 통하는지 에르되시도 오일러와 닮은 점이 많았다. 그도 난제 풀이를 좋아했다. 방랑자처럼 떠돌며 공동논문을 집필하다가 돈이 떨어질 때마다 상금이 걸려 있는 난제를 풀어 자금을 해결했다. 상금으로 생활비를 충당할 수 있다니 부러울 따름이다.

에르되시의 비범한 일상을 보여주는 또 다른 일화가 있다. 그는 논문을 쓰면서 거의 잠을 자지 않았다고 한다. 조금이라도 더 많은 논문을 쓰기 위해서다. 논문을 쓰다가 쓰러지기도 여러 번. 그러면서도 논문을 쓰고 어려운 문제를 푸는 일을 죽는 날까지 멈추지 않았다. 게다가 여러 사람과 협업하며 논문을 끊임없이 썼던 것을 보면 숙연한 마음마저 든다. 여러모로 천재들의 삶은 많은 것을 느끼게 해준다.

오다가다 줍줍!

논문 더 많이 쓰기 대결

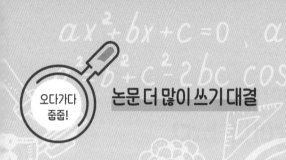

흔히 '수학의 3대 천왕'이라 하면 뉴턴, 아르키메데스, 가우스를 꼽는다. 여기에 4대 천왕을 꼽자면 오일러가 빠질 수 없다. 그는 18세기 근대 수학 역사상 최고의 천재 중 한 명으로 평가받는다. 오늘날 수학이 다양한 갈래로 뻗어나가는 시초이자 물리학, 천문학에도 커다란 업적을 남겼다. 수학의 왕자 가우스 못지않은 천재성으로 그는 '다작의 왕'이 됐다.

오일러는 평생 500여 편의 저서와 논문을 발표했다. 사후 나온 것까지 포함하면 886항목이라고 한다. 전집은 75권에 이른다. 이에 못지않게 에르되시는 총 1,500여 편의 수학 논문(많은 공저)을 남겼는데, 이는 역사적으로도 가장 많은 논문 수인 것으로 알려졌다.

AC LOGARITHM. PER SERIES EXPLICAT. 93

tero Logarithmorum hyperbolicorum uſus in calculo integrali Cap.V fuſius demonſtrabitur.

CAPUT VIII.

De quantitatibus tranſcendentibus ex Circulo ortis.

126. Poſt Logarithmos & quantitates exponentiales conſiderari debent Arcus circulares eorumque Sinus & Coſinus, quia non ſolum aliud quantitatum tranſcendentium genus conſtituunt, ſed etiam ex ipſis Logarithmis & exponentialibus, quando imaginariis quantitatibus involvuntur, proveniunt, id quod infra clarius patebit.

Ponamus ergo Radium Circuli ſeu Sinum totum eſſe = 1, atque ſatis liquet Peripheriam hujus Circuli in numeris rationalibus exacte exprimi non poſſe, per approximationes autem inventa eſt Semicircumferentia hujus Circuli eſſe = 3,14159265358979323846264338327950288419716939937510582097494459230781640628620899862803482534211706798214808651327230664709384446 +, pro quo numero, brevitatis ergo, ſcribam π, ita ut ſit π = Semicircumferentiæ Circuli, cujus Radius = 1, ſeu π erit longitudo Arcus 180 graduum.

127. Denotante z Arcum hujus Circuli quemcunque, cujus Radium perpetuo aſſumo = 1; hujus Arcus z conſiderari potiſſimum ſolent Sinus & Coſinus. Sinum autem Arcus z in poſterum hoc modo indicabo, *ſin. A. z*, ſeu tantum *ſin. z*. Coſinum vero hoc modo *coſ. A. z*, ſeu tantum *coſ. z*. Ita, cum π ſit Arcus 180°, erit $\sin. 0\pi = 0$; $\cos. 0\pi = 1$; & $\sin. \frac{1}{2}\pi = 1$, $\cos. \frac{1}{2}\pi = 0$; $\sin. \pi = 0$; $\cos. \pi = -1$; $\sin. \frac{3}{2}\pi = -1$; $\cos. \frac{3}{2}\pi = 0$; $\sin. 2\pi = 0$; & $\cos. 2\pi = 1$. Omnes ergo Sinus & Coſinus intra limites + 1 & − 1 con-

M 3 tinen-

1748년에 출간된 오일러의 공식이 소개된 오일러의 책.

358년의 난제, '끝판왕'이 나타났다

피에르 드 페르마 & 앤드루 와일스

인류 역사상 최악의 수학 난제를 남긴 수학자 페르마는 데카르트[Descartes]와 함께 17세기 해석기하학의 기본원리를 발견한 최고의 수학 천재다. 서울 강남구에 밀집한 학원가에 페르마의 이름을 딴 수학학원이 있을 정도로 그의 명성은 우리나라에서도 자자하다. 그의 공식 중 페르마의 마지막 정리[Fermat's Last Theorem]는 오랫동안 인류가 풀지 못한 역사적인 난제였다. 후대까지 이어진 페르마의 마지막 정리를 둘러싼 설전, 과연 후대의 천재들은 어떻게 풀었을까?

358년간 풀지 못한 수학 난제를 낸 피에르 드 페르마

"여기 인류의 기나긴 수학 역사상 수백 년 동안 풀리지 않았던 미지의 문제가 있다."

마치 한 편의 영화를 소개하는 듯한 수식어가 따라붙는 수학 문제가 있었다. 수세기 동안 당대 날고 긴다고 하는 수많은 수학자가 도전장을 내밀었지만 결국 증명에 실패했던 바로 이 문제! 누구나 한번쯤 들어보

피에르 드 페르마(Pierre de Fermat), 1607~1665.

았을 법한 그 유명한 '페르마의 마지막 정리'다. 페르마의 마지막 정리는 'n이 3 이상의 정수일 때, $x^n+y^n=z^n$을 만족시키는 정수 x, y, z는 존재하지 않는다'는 정리다. 1637년, 페르마는 "나는 경이적인 방법으로 이 정리를 증명했지만, 이 책의 여백이 너무 좁아 여기에 풀이를 적지는 않는다"라고 기록했다. 얼핏 보기에 단순해 보이는 이 공식을 왜 그토록 오랫동안 증명할 수 없었을까. 350여 년 동안이나 전 세계 내로라하는 수학 천재가 풀이에 도전했지만, 번번이 실패했을 만큼 무척 어려웠다.

영원히 풀리지 않을 것만 같던 이 난제는 1995년, 수학자 앤드루 와일스Andrew Wiles가 2편의 논문을 발표하며 마침내 증명했다. 페르마가 여백이 없다는 이유로 증명하지 않았던 골칫거리 문제가 무려 358년 뒤에 풀릴 것이라고 누가 상상이나 했을까?

Arithmeticorum Liber II. 61

IN QVÆSTIONEM VII.

QVÆSTIO VIII.

OBSERVATIO DOMINI PETRI DE FERMAT.

QVÆSTIO IX.

페르마의 마지막 정리가 주석에 달린 디오판토스의 《산술》(1670년 출간).

와일스 또한 이 난제를 풀기 위해 6년 이상 홀로 연구에 몰두했다. 그가 처음 페르마의 난제에 관심을 보인 것은 10세 때다. 도서관에 다녀오던 중 '단순하게 보이는 이 공식을 왜 증명할 수 없을까'라는 의문에서 출발해 페르마에게 도전하기로 결심했다. 초등학생 때 이런 생각을 했다니 평범한 사람의 시점에선 믿기지 않는다.

◎ 끊임없는 도전 속에 성과를 이룬 앤드루 와일스

페르마의 마지막 정리의 '끝판왕'은 와일스가 차지했지만, 그의 증명은 350여 년 동안 선배 수학자들이 뿌려놓은 증명을 토대로 일구어낸 성과라 할 수 있다. 첫 번째는 오일러의 증명이다.

오일러는 페르마가 죽고 133년이 지나서 'n=3'일 경우의 증명에 성공했다. 이후 나머지 수들에 대한 증명은 더딘 속도로 'n=5'였을 때, 'n=7'일 경우 정도만 간신히 증명되었다. 이런 식으로 어느 세월에 다 증명한단 말인가?

오랜 시간이 지난 후에야 지지부진한 도전에 크게 한 획을 긋는 수학자가 나왔다. 바로 여성 수학자 소피 제르맹Sophie Germain이다. 그는 'n<197'의 경우까지 증명하는 데 성공해 진도를 대폭 나갔다.

20세기에 접어들면서 사람들은 마지막 정리 풀이를 컴퓨터에 의존하기 시작했는데, 컴퓨터조차 수많은 수를 대입해도 마지막까지 풀지 못했다. 컴퓨터도 못 풀 정도의 연산이라니……. 이쯤 되면 페르마가 정말 책의 여백이 부족해서 풀이 과정을 적지 못한 것이 맞을지도 모른다는 합리적인 의심이 생긴다.

앤드루 와일스(Andrew Wiles), 1953~.

이렇듯 컴퓨터도 포기한 문제지만 당대의 수학자들은 끝까지 포기하지 않았다. 그들은 다른 방법으로 이 난제를 풀기 위해 노력했다. 독일의 수학자 게르하르트 프라이Gerhard Frey가 페르마의 마지막 정리를 타원곡선의 형태로 변형시킨 시도가 문제 풀이의 시발점이 되었다.

프라이는 페르마의 마지막 정리가 '타니야마-베유-시무라 추측'과 연관성이 있다고 판단하고 이를 증명하면 페르마의 정리도 같이 증명된다고 봤다. 이후 세계적인 석학 켄 리벳Ken Ribet이 프라이의 이론을 보완하면서 훗날 와일스가 문제를 해결하는 데 도움될 실마리를 제공했다.

와일스가 타원함수 추측에 대한 리벳의 증명을 페르마의 마지막 정리에 도입하면서 마침내 이 역사적 난제에 종지부를 찍었다. 수많은 수학자가 쌓아 올린 '증명의 탑'을 딛고 358년 동안 풀리지 않았던 난제를 와일스가 정복한 것이다. 하지만 아쉽게도 와일스는 이 증명으로 수학계의 노벨상인 필즈상Fields Medal을 받지는 못했다. 40세 이상은 필즈상을 받을 수 없다는 규정 때문이다. 와일스가 마지막 정리를 증명한 1995년, 그의 나이는 41세였다. 비록 상을 받지는 못했지만, 그가 남긴 페르마의 마지막 정리 증명은 '인류의 위대한 업적'으로 남았다.

한편 대중은 세계적인 난제가 해결됨과 동시에 또 다른 난제 풀이에 목말라했다. 사람들은 와일스에게 '밀레니엄 7대 난제*'를 풀어달라고 부탁했다. 와일스 또한 마다하지 않고 이에 동참했다. 아마 그는 지금도 새로운 난제를 푸는 데 여념이 없을 것이다. 천재들은 난제를 풀면서 인생의 즐거움을 맛보는 특별하면서도 신기한 존재임이 틀림없다.

*2000년에 클레이 수학연구소에서 선정한 7개의 수학 난제로 문제를 풀면 100만 달러의 상금과 함께 필즈상을 수여함.

오다가다 줍줍!

수학계의 노벨상인 '필즈상'

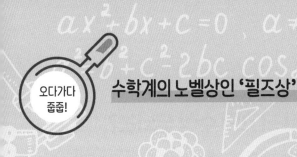

필즈상은 국제수학연맹IMU 주관으로 4년에 한 번 열리는 세계 수학자 대회에서 수여하는 상이다. 수학에 큰 공헌을 한 40세 미만의 젊은 수학자들에게 수여된다. 캐나다의 수학자 존 찰스 필즈John Charles Fields의 유산을 기금으로 만들어졌다. 필즈는 평소 노벨상에 수학 분야가 없다는 것을 안타까워했다. 그래서 수학계에 노벨상에 버금가는 상을 만드는 것이 평생소원이었다. 그는 자신의 전 재산을 기초 자금으로 쏟은 후 40세 미만의 젊고 열정적인 수학자에게 수상의 기회가 돌아가길 바란다는 유언을 남겼다.

와일스는 41세에 난제를 풀어 아깝게 필즈상 수상을 놓쳤다. 하지만 이대로 그의 성과를 덮을 수는 없는 일! 국제수학연맹은 1998년 와일스를 필즈 특별상인 기념은판상 수상자로 선정하고 필즈상 수상자 목록에도 기록하는 등 그의 뛰어난 업적을 기렸다.

수학자 필즈의 얼굴이 새겨진 필즈상 메달.

천재가 알아본 20세기 최고의 수학 두뇌는?

존 폰 노이만 & 스리니바사 라마누잔

세상은 넓고 천재는 많다. 특히 20세기 과학혁명을 이끈 주역에 여러 천재가 있었다. 그런 천재 중에서 과연 누가 가장 뛰어난지에 대해서는 의견이 분분하다. 그런데 여기 천재들이 꼽은 최고의 천재가 있다. '반신[半神]'이라 불릴 정도로 인간의 한계를 넘어선 듯한 컴퓨터의 아버지 노이만과, 인도의 수학자 라마누잔이다. 천재들이 천재라고 부르는 이들의 능력이 과연 얼마나 대단했기에 이런 영예로운 칭송을 들을 수 있었을까?

학문의 경계를 무너뜨린 존 폰 노이만

만약 신이 인간에게 능력을 주었다면 노이만은 신이 인간에게 쏟아부을 수 있는 능력을 '몰빵'한 사람 중 한 명일 것이다. 노이만은 천재가 인정하는 명실상부 천재 중 천재였다. 헝가리 이론물리학의 대가인 천재 과학자 유진 위그너[Eugene Wigneeh]도 노이만의 천재성을 인정한 바 있다.

존 폰 노이만(John von Neumann), 1903~1957.

원자핵과 소립자 구조 연구로 노벨물리학상을 받은 위그너에게 기자가 "헝가리에 선생님 같은 천재가 많은 이유가 무엇이라고 생각하나요?"라고 물었다. 위그너는 한 치의 망설임도 없이 "천재가 많다니요? 진정한 천재는 폰 노이만뿐입니다"라고 잘라 말했다.

될성부른 나무는 역시 떡잎부터 달랐다. 천재들이 보통 그렇듯 노이만도 어릴 때부터 남달랐다. 그는 9세 때 미적분을 풀었고 12세에 정수의 성질을 연구하는 정수론을 깨우쳤다. 우리나라에선 초등학교 2학년 때 시계 보는 법을 배우는 걸 생각하면 그의 능력이 얼마나 대단한지 소름 끼칠 정도다. 오늘날에는 학창 시절 최대공약수와 최소공배수를 통해 기본적인 정수론을 배운다. 하지만 그당시엔 정수론이 별로 관심을 받지 못했는데, 이후 컴퓨터가 발달하면서 정수론이 암호학에 사용되어 큰 주목을 받게 된다. 노이만이 훗날 '컴퓨터의 아버지'라 불리게 된 것도 어릴 때부터 정수론에 관심이 많았기 때문에 자연스레 컴퓨터에 관심이 간 것이 아니었을까?

노이만의 연구에는 학문의 경계가 없었다. 그는 수학자이자 물리학자였으며 화학자, 경제학자, 컴퓨터공학자로 이름을 날렸다. 그가 이룬 주요 업적만 해도 어마어마하다. 경제학의 게임이론, 미니 맥스 원리, 컴퓨터의 폰 노이만 구조, 수학의 폰 노이만 대수, 양자역학의 폰 노이만 엔트로피* 등 헤아릴 수 없이 많다.

어디 그뿐인가? 양자역학, 위상수학, 집합론, 해석학, 기하학, 경제학, 통계학 등 학문의 전 분야에 관여하며 업적을 남겼다. 또 평생 150여 개의 논문을 남겼는데 순수수학이 60편, 물리학 20편, 응용수학 60편가량 된다. 평생 한 분야에서 제대로 된 논문 한 편 남기기도 어려운데 이처럼 다양한 학문을 완벽히 깨우치고, 각 분야에 걸쳐 수도 없이 많은 논문을 남겼으니 천재 중의 천재 외에 더 이상 무슨 수식어가 필요할까?

노이만의 천재성은 여기서 그치지 않는다. 그는 경제학자 오스카르 모르겐슈테른Oskar Morgenstern과 함께 경제학 이론인 게임이론을 창시했다. 이들이 출간한 책은 훗날 경제학자 존 내시John Nash 등에 의해 발전되며 게임이론 역사의 시발점이 되었다.

*자연 물질이 변형되어 원래로 돌아갈 수 없는 현상.

오펜하이머(좌)와 노이만(우), 이들은 최초의 원자폭탄 실험을 함께했다.

그뿐만이 아니다. 7개 국어도 자유롭게 구사했고 컴퓨터 연구에 뛰어들어 이진법, 프로그램 내장 방식 등 컴퓨터의 기본적인 골격을 만들었다. 본격적으로 컴퓨터를 활용해 기상예측을 처음 시도한 것도 노이만이었고, 오늘날 과학적인 분석으로 기상관측을 할 수 있게 한 것도 노이만 덕분이다. 이쯤 되면 '신이 모든 지성을 노이만에게 쏟아붓고 일찍 퇴근했다'는 우스갯소리가 마냥 우습게만 들리지는 않는다.

빈민가 출신 비운의 수학 천재, 스리니바사 라마누잔

노이만이 위그너가 인정한 수학 천재라면 인도의 수학자 라마누잔은 당시 명망 높은 수학자 고드프리 헤럴드 하디Godfrey Harold Hardy 교수가 꼽은 최고의 수학 천재다. 케임브리지 대학교수인 하디 또한 영국의 손꼽히는 수학자로 유명한데, 그는 2세에 이미 100만 숫자를 세는 등 비범한 능력을 지닌 수학 신동이었다. 하디 교수는 불우한 환경에 처해 있던 라마누잔의 재능을 발견하고 그를 지원했다.

스리니바사 라마누잔(Srinivasa Ramanujan), 1887~1920.

라마누잔은 인도 마드라스 빈민가에서 태어났는데, 어린 시절부터 수학에 남다른 재능을 보였다. 14세에 자신의 집에서 하숙하던 가버먼트 대학생들과 수학을 주제로 토론할 정도로 박식했다. 15세부터 수학자 카G.S Carr가 집필한 《순수수학의 기초결과 개요》라는 책 안의 6천 개에 달하는 개념을 노트에 하나씩 증명했고, 이 노트 덕분에 그는 가버먼트 대학교에 장학생으로 입학했다. 하지만 원활한 학교생활을 하지는 못했다. 수학에만 몰두한 나머지 다른 과목에서 모두 낙제하며 장학생 자격을 박탈당했기 때문이다. 라마누잔은 이후 파사이아파스 대학교에 다시 진학해 공부를 이어갔지만, 이번에는 병리학*에서 낙제해 더 이상 학교에 다닐 수 없었다. 이후, 벵갈 만에 위치한 마드라스 우체국의 서기

* 여러 질병으로 생긴 사람의 병변 조직을 직접 연구하는 학문.

로 근무했는데 그를 아낌없이 지원해 준 상사의 허락으로 계속해서 수학 연구를 할 수 있었다.

결혼 후엔 공부에만 몰두할 수 없는 환경에 처했다. 생활고에 시달리던 라마누잔은 돈벌이를 위해 거리를 헤매다 영양실조로 쓰러지기까지 했다. 이런 난관을 극복하며 그는 틈틈이 미지의 수학 난제를 풀었다. 5~6년 동안 석판에 지우고 쓰며 스스로 발견한 수학 공식들이 〈인도수학협회보〉에 실리면서 그의 이름이 세상에 조금씩 알려지기 시작했다.

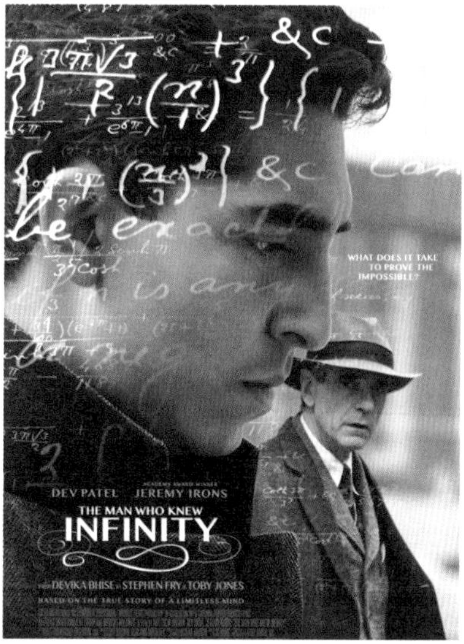

라마누잔과 그를 알아본 천재 하디 교수를 그린 영화 〈무한대를 본 남자〉 포스터.

라마누잔의 소원은 일평생 수학 문제를 푸는 것이었다. 수학을 너무나 좋아한 것이다. 그래서 하디 교수에게 편지를 썼다. 덕분에 하디 교수는 진흙 속 조개에서 진주를 캐듯 라마누잔의 천재성을 알아볼 수 있었다. 그렇게 하디 교수의 전적인 지원을 받아 라마누잔은 케임브리지 대학교에서 하루에 20시간씩 수학 문제를 풀며 재능을 마음껏 발휘했다. 하루 중 4시간을 제외하고 전부 공부를 했다는 것이니 정말 상상을 초월한다. 이런 비상식적인(?) 노력 덕분에 무수한 수학 공식을 증명할 수 있었고, 그가 정리한 공식들이 널리 퍼지면서 학계에서 유명해졌다.

이후 사람들은 라마누잔을 오일러나 뉴턴에 비견하기도 했다. 심지어 하디는 "나의 최대 수학 업적은 라마누잔을 발견한 것이다"라며 아낌없이 그를 찬사했다. 라마누잔이 고안한 이론은 수학을 넘어 화학, 컴퓨터, 의학까지 널리 뻗어나갔다. 그는 사후 4권의 노트를 남겼는데 노트에는 자신이 발견한 공식 수천 개가 빼곡히 적혀 있었다. 하지만 라마누잔은 자신이 세운 공식을 전부 완벽하게 증명하지는 않았다. 공식을 증명하기 위해 시간을 허비하기가 아까웠던 것이다. 조금만 시간을 더 내서 증명까지 제대로 했다면 후대의 수학자가 덜 고생했을 텐데 아쉬운 대목이다.

어쨌든 충분한 풀이 과정이 없었기 때문에 사후 100년이 넘은 지금도 많은 수학자가 그의 공식을 증명하기 위해 땀을 흘리고 있다. 누구든 이들의 천재성에 도전할 수 있게 말이다. 천재들이 다 채우지 않은 여백들이 있기에 그 여백을 채울 또 다른 천재가 미래에 나올 것이다.

오다가다 줍줍!

세계 최초의 컴퓨터는?

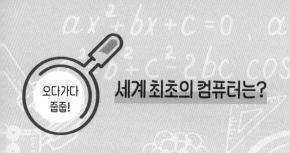

노이만은 '현대 컴퓨터의 아버지'라고도 불린다. 컴퓨터 중앙처리장치의 내장형 프로그램을 처음 고안하며 컴퓨터의 기본 골격을 만들어냈기 때문이다. 하지만 그렇다고 노이만이 세계 최초로 컴퓨터를 만든 것은 아니다. 그렇다면 세계 최초의 범용 컴퓨터는 무엇이며 누가 만들었을까? 대부분 '에니악ENIAC'이 세계 최초의 컴퓨터라고 알고 있지만 사실 최초의 컴퓨터는 1944년, 미국 하버드 대학교에서 개발한 '하버드 마크1Harvard Mark I'이다. 에니악은 하버드 마크1이 나오고 2년 후에 개발되었다. 노이만이 현대 컴퓨터의 아버지라 불리는 이유는 지금의 컴퓨터가 노이만의 메모리 구조를 사용하고 있기 때문이다.

미국 최초의 대규모 자동 디지털컴퓨터이며,
세계 최초의 범용 컴퓨터인 하버드 마크 I.

현실과 망상의 경계에서 비극을 맞은 주인공들

존 내시 & 쿠르트 괴델

천재이기에 정신적인 부담을 감당하기 더 어려웠을까? 내시와 괴델은 천재 수학자로 세상에 이름을 알렸지만 현실과 망상의 경계에서 서성이다 죽음을 맞았다. 내시는 '게임이론'을 정립하며 수학과 경제학의 발전에 지대한 공헌을 했으나, 일생의 반을 현실과 망상을 구별하지 못한 채 조현병과 싸워야 했다. 괴델의 불완전성 정리Gödel's incompleteness theorems*로 물리학, 컴퓨터 과학, 철학 등 다양한 분야에 영향을 끼친 천재 괴델은, 극도의 불안 증세에 시달리며 식사를 거부하다 결국 굶어 죽고 말았다.

수학자로서 경제학 발전에 공헌한 존 내시

"엄마, 게임 딱 한 판만 더 할게!" 바로 지금, 이 순간에도 게임 삼매경에 빠진 자녀와 실랑이하는 부모가 많을 것이다. 아이들뿐만이 아니다. 과거 오징어 게임, 다방구, 얼음땡 등 몸으로 즐기던 게임 문화가 지

*우리가 사용하고 있는 수학 체계가 잘못되지 않았다면 반드시 증명할 수 없는 명제를 가진다는 정리.

존 내시(John Nash), 1928~2015.

금은 스마트폰 하나면 해결되면서 게임은 일상의 일부가 되었다.

이렇게 일상에 녹아든 게임에 이론이 존재한다는 사실을 아는가? 바로 '게임이론'이다. 1928년, 폰 노이만에 의해 연구가 시작된 게임이론은 모든 게임(경기)에서 경쟁상대의 반응을 고려해 자신의 행위를 결정해야 하는 상황의 의사결정 형태를 연구한 이론이다. 내시가 도출해 낸 내시균형Nash equilibrium* 은 기존 게임이론에 획기적인 발전을 가져왔다. 그래서 내시는 게임이론을 수학적으로 접근한 이 업적으로 1994년에

---

*게임이론에서 경쟁자 대응에 따라 최선의 선택을 하면 서로가 자신의 선택을 바꾸지 않는 균형 상태.

노벨경제학상을 받았다.

노이만은 경제학자 모르겐슈테른과 함께 1944년, 《게임이론과 경제적 행동》이라는 책을 내며 게임이론을 세상에 알렸다. 내시가 노이만의 게임이론에 자신의 이론을 더한 것은 1950년, 고작 22세라는 어린 나이에 쓴 박사논문에서였다. 내시는 노이만과 모르겐슈테른이 연구한 것보다 더 다양한 종류의 상황에서 적용할 수 있는 '내시균형' 개념을 제시했다.

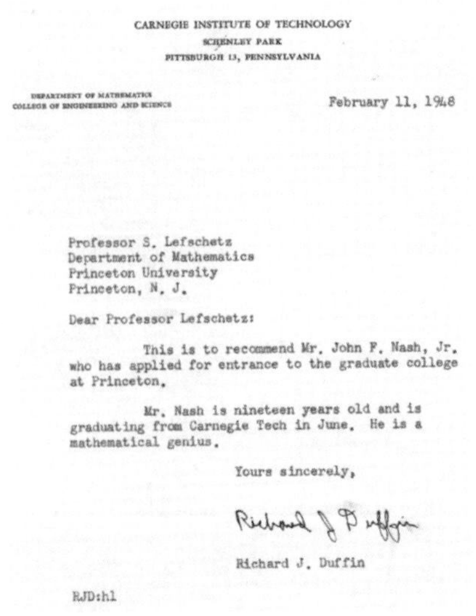
CARNEGIE INSTITUTE OF TECHNOLOGY
SCHENLEY PARK
PITTSBURGH 13, PENNSYLVANIA

DEPARTMENT OF MATHEMATICS
COLLEGE OF ENGINEERING AND SCIENCE

February 11, 1948

Professor S. Lefschetz
Department of Mathematics
Princeton University
Princeton, N. J.

Dear Professor Lefschetz:

This is to recommend Mr. John F. Nash, Jr. who has applied for entrance to the graduate college at Princeton.

Mr. Nash is nineteen years old and is graduating from Carnegie Tech in June. He is a mathematical genius.

Yours sincerely,

Richard J. Duffin

Richard J. Duffin

RJD:hl

내시가 프린스턴 대학원에 입학하기 위해 제출한 지도교수의 추천서.

그는 전설적인 수학 천재였다. 19세에 카네기 공과대학교 학사 및 석사학위를 받고 프린스턴 대학원에 가려던 내시를 위해 지도교수였던 리처드 더핀Richard Duffin은 추천서에 단지 "이 학생은 수학 천재입니다"라고만 적었다. 믿기지 않게도 내시는 이 추천서로 프린스턴 대학원에 진학할 수 있었다.

더핀 교수의 말처럼 내시는 천재적인 재능을 발휘하며 31세라는 젊은 나이에 매사추세츠 공과대학교 종신 교수직에 임명되고, 1958년에는 필즈상 후보에 오르는 등 수학계의 루키로 떠올랐다. 하지만 내시의 행운은 이쯤에서 슬슬 막을 내리며 불행이 싹트기 시작했다. 그는 편집적 망상과 불안 증세를 보였다. 더욱이 환청까지 심해지면서 필즈상 수상은 불가능하게 됐고 결국 교수직도 포기해야 했다.

조현병 진단을 받고 교수직에서 물러난 내시는 이후 50여 년 동안 입원과 퇴원을 반복하며 병마와 싸웠다. 내시는 1998년에 출간한 소설과 동명의 영화 〈뷰티풀 마인드〉 주인공의 실제 모델로 대중에게 관심을 얻지만, 여전히 생활고에 시달렸다. 2015년, 아벨상Abel Prize* 수상자로 선정되었을 때는 메달보다 상금에 더 기뻐했다는 후문도 있다.

일찍이 시작된 조현병과 오랜 시간 생활고에 시달렸던 천재의 마지막은 외롭고 쓸쓸했다. 내시는 아벨상 수상 후 아내와 함께 택시를 타고 가다가 교통사고로 세상을 떠났다. 이듬해 그가 받은 노벨경제학상 메달이 경매에 나왔다. 슬프게도 노벨상 수상자들의 메달이 경매에 자주 나온다.

정신질환에 시달렸던 쿠르트 괴델

비운의 천재 괴델이 23세에 발표한 괴델의 불완전성 정리는 20세기 수학계를 뒤흔드는 이론이었다. 불완전성 정리는 '수학에서 증명도 부정도 할 수 없는 명제가 반드시 존재한다. 산술을 형식화한 무모순적인

*노르웨이 정부가 자국의 수학자 아벨을 기념해 수여하는 국제적 권위의 수학상.

논리체계에서는 참이지만 증명할 수 없는 수학적 명제가 존재한다'는 것을 의미한다.

쿠르트 괴델(Kurt Gödel), 1906~1978.

수학적 명제를 증명하여 진리를 밝힐 수 있다고 믿었던 당시 수학계에서는 괴델의 이론을 부정했지만 이내 두 손을 들어야 했다. 그만큼 불완전성 정리는 기존 수학계의 관념을 뒤집는 획기적인 성과물이었다.

괴델은 물리학에도 탁월한 천재성을 보였다. 그는 스물일곱 살의 나이 차이를 극복하고 아인슈타인과 우정을 나누며 상대성이론에 푹 빠졌다. 괴델은 상대성이론에서 중력장 방정식의 해를 구했다. 여기에는 일시적 인과율의 고리를 만들어내는 '닫힌 시간 꼴 곡선'이 등장한다. 닫힌 시간 꼴 곡선은 균일한 속도로 회전하는 우주에서는 원운동만 해도 원래 시간과 장소로 되돌아올 수 있다는 것이다. 이는 시간 여행의 가능성까지 시사한다.

괴델의 이론에 의하면 시간 여행이 정말 가능할 수도 있다는 이야기다. 그런데 연구가 진전되기도 전에 괴델은 기이하게도 굶어 죽었다. 왜 이런 일이 벌어진 걸까? 심지어 가난해서가 아니었다. 바로 정신질환 때문이었다.

뛰어난 재능이 있었음에도 생전 괴델은 늘 우울했다. 절친한 아인슈타인이 세상을 떠난 후에는 큰 충격으로 편집증과 공황장애에 시달렸다. 망상과 대인기피증으로 아무도 만나지 않다가 독살될 수 있다는 두려움에 음식마저 거부한 것이다.

다정한 시간을 보내는
괴델과 아인슈타인의 모습.

두 천재는 극도로 불안한 증세와 편집적 망상에 빠져 힘들게 살았다. 내시는 30대에 발병한 조현병으로 50여 년간 고생했다. 하지만 그는 87세 죽는 날까지 끝까지 자신의 이론을 검증하고 연구했다. '내시해법' 또는 '내시균형이론'이라 불리는 그의 게임이론은 지금까지도 복잡한 이해관계를 추구하는 기업 전략에 적용되어 널리 사용되고 있다. 내시가 환각을 보면서까지 포기하지 않았던 연구 결과들은 현재까지도 정치, 경제, 군사, 심리학에 응용되며 우리 생활에 큰 영향을 주고 있다.

괴델도 마찬가지다. 불완전성 정리는 20세기 수학의 기틀이 됐고 현재 수학계에 큰 영향을 끼치고 있다. 수학과 물리학에 탁월한 천재성을 보이며 아인슈타인과 더불어 현대 양자물리학에 크게 공헌하기도 했다. 그에게 정신질환이 없었다면, 어쩌면 시간 여행이 가능하다는 11차원의 비밀을 밝힐 단서를 조금이라도 찾았을지도 모른다.

스티븐 호킹도 풀지 못한 과거로 가는 시간 여행의 비밀. 괴델과 아인슈타인이 조금만 더 살았다면 혹시 힌트라도 얻을 수 있지 않았을까? 아인슈타인과의 우정, 그리고 괴델의 천재적인 행보를 보면 그가 아인슈타인과 함께 우주의 비밀을 밝혔을 수도 있었겠다는 생각이 든다.

오다가다 줍줍!

괴델의 비극적인 죽음

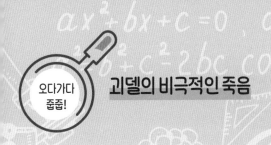

괴델은 23세에 100여 년 동안 수많은 공리학자가 입증하고자 했던 이론을 단숨에 증명해냈다. 하지만 이처럼 천재적인 행보를 보인 괴델도 생활고에 시달려 대학 강사 자리를 알아보기 위해 이곳저곳 전전해야 했다. 이후 미국 시민권을 획득하고 프린스턴 고등연구소의 교수가 되면서 윤택한 생활을 사는 듯 싶었지만 계속되는 불안증과 건강염려증, 또 피해망상에 시달리며 괴로운 시간을 보냈다.

친했던 아인슈타인이 세상을 떠나자 증세는 더욱 심해졌다. 더욱이 유일하게 믿었던 아내가 병원에 입원하면서 그는 세상과 담을 쌓고 식사마저 거부했다. 결국 강제로 입원하게 되었는데, 병원에서도 식사를 거부하다가 영양실조로 사망했다. 당시 몸무게가 불과 29킬로그램이었다고 한다.

인류 핵전쟁의 서막, 종말을 창조하다

로버트 오펜하이머 & 에드워드 텔러

과거 미국의 도널드 트럼프 전 대통령의 '핵 가방'이 논란이 된 적 있다. 바이든 정부에 전달해야 할 핵 가방을 트럼프 대통령이 인계하지 않은 초유의 사태가 벌어졌기 때문이다. 미국은 현재 6,900여 기가 넘는 핵탄두를 보유하고 있으며 이 중 900여 기는 상시 발사할 수 있다. 이 핵무기를 사용하려면 대통령이 승인해야 하는데 핵 가방이 바로 그 역할을 한다.

핵전쟁은 원자폭탄과 수소폭탄을 사용한다. 제2차 세계대전 때 일본에 투하된 2개의 원자폭탄으로 일본은 무조건 항복을 선언하며 기나긴 전쟁이 끝났다. 전쟁의 후폭풍은 너무나 거셌다. 수없이 많은 사람이 무참히 죽었고 살아남은 사람들도 방사능 피폭으로 고통 속에 처절히 죽어갔다. 혹자는 핵전쟁을 '산 자가 죽은 자를 부러워하는 세상'이라고 할 정도였다. 수많은 사람을 죽음으로 몰고 간 핵무기 개발의 주역들은 과연 누구였을까. 자신들이 만든 무기가 가져온 결과를 보면서 어떤 생각을 했을까.

원자폭탄의 아버지, 로버트 오펜하이머

1945년 8월 15일은 우리가 꼭 기억해야 할 역사적인 날이다. 우리 민족이 36년간의 일제강점기에서 해방된 날이기 때문이다. 전 세계를 전쟁의 소용돌이에 휘말리게 했던 일본은 거대한 원자폭탄이 떨어지자 미국에 백기 투항했다. 우리도 일본의 투항과 함께 만세를 부를 수 있었

로버트 오펜하이머(Robert Oppenheimer), 1904~1967.

다. 진주만을 공격하며 야심만만하게 미국과의 전쟁을 시작한 일본은 그렇게 만신창이가 되어 패전을 시인해야 했다.

세계 정복이라는 일본의 허황된 야욕을 꺾은 건 바로 미국의 이론물리학자 오펜하이머였다. 그는 세계 최초로 원자폭탄을 만드는 데 성공하며 오늘날 '원자폭탄의 아버지'가 되었다. 그는 제2차 세계대전이 한창인 1943~1945년경 로스앨러모스 국립연구소장으로 재직하며 원자폭탄 설계와 제작을 감독했고, 제조에 성공했다.

원자폭탄의 위력은 과거 일본 나가사키와 히로시마가 폭격당한 참상을 보면 짐작할 수 있다. 1945년 8월 6일 당시 미국은 세계 최초의 원자폭탄, 일명 '리틀보이Little Boy'를 일본 히로시마 한복판에 떨어뜨렸다. 폭탄이 투하되자 폭심지에서 반경 1.2킬로미터 범위에 있는 인구의 절반이 즉사했다. SF영화에서 많이 보았던 독버섯 모양의 흰 구름이 히로시마를 뒤덮었다. 히로시마에서는 34만 명 인구 중 14만 명 이상 사망했다.

하지만 이때만 해도 일본은 투항하지 않고 버텼다. 그러자 미국은 3일 후 나가사키에 '팻맨Fat Man'이라는 원자폭탄을 하나 더 투하했다. 결과는 참혹했다. 7만 명 이상이 즉사했다. 이후 일본 전역에 피폭자가 수십만 명에 달했다. 폭발하면서 생긴 피폭과 낙진은 사람을 상상하기 어려운 고통 속에서 서서히 죽게 했다. 방사능 피해로 인해 죽어가는 고통은 말로 다 표현할 수 없다. 오죽하면 '산 자가 죽은 자를 부러워하는 세상'이라고 표현했을까.

일본은 나가사키에 원자폭탄이 터진 후 즉시 투항했다. 오랜 시간 세계인들을 살육의 현장으로 이끈 일본의 최후였다. 사람을 10명 죽이면 살인자, 수십만 명 죽이면 영웅이라는 말이 있다. 원자폭탄도 수많은 인명을 살상한 무기였지만, 일본의 항복을 받아내 종전되었다며 오펜하이머를 국가적 영웅으로 추앙했다. 아이러니가 아닐 수 없다.

오펜하이머는 타고나기를 천재로 태어났다. 어려서부터 학습 능력이 탁월해 공부에 쉽게 열중했다. 하버드 대학교 화학과를 조기 졸업하고는 양자역학이 태동하는 유럽으로 유학을 떠났다. 영국 케임브리지 대학교에서 이론물리학을 배우다가, 독일 괴팅겐 대학교로 옮겨 박사 학위를 받았다. 이후 다시 미국으로 돌아와 UC버클리 대학교수가 되었는데 이때 나이가 불과 25세였다.

제2차 세계대전이 발발하면서 미국 정부 주도하에 진행된 맨해튼 프로젝트Manhattan Project*에 참여해 우라늄을 이용한 폭탄을 연구했다. 프로젝트 총책임자였던 그는 6천여 명의 과학자를 동원해 결국 프로젝트를 성공으로 이끌었다.

1945년 7월 16일, 맨해튼 프로젝트의 첫 번째 실험으로 뉴멕시코주 인근에서 트리티니Trinity라는 암호명의 원자폭탄 실험이 이뤄졌다. 그는 몇 년 후 이 실험을 회상하며 "나는 이제 세상의 파괴자요, 죽음이니라"라는 성경 구절이 떠오른다며 괴로워했다. 핵실험을 성공시킨 결과로 수많은 민간인을 죽음으로 몰고 갔기 때문이다.

*제2차 세계대전 중 극비리로 진행된 미국이 주도한 핵무기 개발 계획.

첫 번째 맨해튼 프로젝트였던 트리니티 원자폭탄 실험 장면.

전쟁을 끝내기 위해 만든 원자폭탄이지만, 뇌가 불타 없어지고 팔다리가 떨어져 형체도 알 수 없는 사람들과 피폭으로 인해 수일에서 수개월 동안 죽고 싶어도 죽을 수 없었던 사람들의 일그러진 얼굴이 오펜하이머를 괴롭혔을 것이다.

수소폭탄의 아버지, 에드워드 텔러

오펜하이머가 '원자폭탄의 아버지'라면 텔러는 '수소폭탄의 아버지'이다. 미국의 원자물리학자였던 텔러는 오펜하이머와 마찬가지로 1943년, 로스앨러모스 과학연구소가 설립됐을 때 비밀리에 참여했다.

그는 원자폭탄을 연구하면서도 원자폭탄보다 더 강력한 수소 열핵분열 폭탄을 연구했다. 종전 후 그는 수소폭탄 연구를 이어갔다. 이후 그는 세계 최초의 수소폭탄 개발에 큰 공헌을 하게 되었다.

에드워드 텔러(Edward Teller), 1908~2003.

수소폭탄은 원자폭탄보다 위력이 더 막강하다. 미국이 원자폭탄 개발에 성공하자 러시아도 원자폭탄 실험을 강행했다. 미국은 이에 맞서기 위해 더욱 강력한 핵무기를 원했다. 1950년, 미국 해리 트루먼Harry S. Truman 대통령은 수소폭탄 개발과 원자폭탄 개량을 지시했다. 텔러의 연구는 1952년, 남태평양 에네웨타크 환초Enewetak Atoll에서 진행된 수소폭탄 실험으로 이어졌다. 결과는 대성공이었다. 이후 태평양 비키니섬에서 진행된 실험으로 과거 일본 히로시마에 투하한 원자폭탄의 850배에 이르는 수소폭탄의 파괴력을 확인할 수 있었다.

반면 오펜하이머는 수소폭탄 개발을 극렬히 반대했다. 핵무기는 결국 사람과 자연을 모두 파괴하는 끔찍한 살상 무기라는 것을 깨달았기 때문일 것이다. 이에 맞서 텔러는 공산주의에 대항하기 위해서는 더욱 강력한 핵무기가 필요하다고 주장하며 오펜하이머와 대립했다.

1952년, 태평양 에네웨타크 환초에서 이루어진 수소폭탄 실험 장면.

두 사람은 같은 종류의 무기를 만들었지만 서로 바라보는 관점이 달랐다. 텔러 또한 무고한 사람들을 죽이는 무기를 만들고자 한 것은 아니다. 평화를 지키기 위한 선한 목적으로 필요하다고 주장했다. 하지만 전쟁에는 승자도 패자도 없다. 부모를 잃은 전쟁고아들과 죄 없이 죽어가는 민간인만 있을 뿐이다. 과연 누가 평화를 지키는 편이라고 장담할 수 있을까.

이제 핵무기의 파괴력을 모르는 이는 없다. 핵폭탄은 한순간에 인류가 이룬 모든 것을 파괴할 것이다. 평화를 위해 만든 핵무기가 앞으로 인류의 종말을 주도할 심판의 도구가 될지 평화의 도구가 될지는 우리 모두가 지켜보며 평화를 위해 노력해야 한다. 과학은 편리를 제공하지만 잘못 사용하면 죽음의 도구가 되기도 한다. 역사를 통해 배움을 실천한다는 것은 그래서 중요하다.

오다가다 줍줍!

친구에서 적으로 변신한 '폭탄 라이벌'

1954년, 오펜하이머는 반역죄라는 죄명으로 비밀 검증 청문회장에 들어섰다. 제2차 세계대전을 승리로 이끈 국가적 영웅에서 더 이상 국가의 기밀을 다뤄서는 안 되는 반역자로 지목된 것이다. 청문회의 결과에 따라 오펜하이머의 향후 인생이 결정되는 중요한 순간이었다. 그런데 평소 오펜하이머를 지지해온 텔러는 갑자기 그를 비난하고 불리하게 증언해서 그를 과학계에서 영원히 퇴출하는 데 앞장섰다. 오펜하이머는 이후 학계에서 사장된 채 쓸쓸하게 살다 생을 마감했다. 텔러는 왜 그랬을까?

오펜하이머와 텔러는 오랜 친구였으며 함께 핵무기를 개발한 동료였다. 텔러는 평소 오펜하이머가 타고난 지도자이며 정치인으로서 자질이 충분하다고 지지했던 것으로 알려져 있다. 하지만 사실 텔러는 로스앨러모스에서 핵분열과 핵융합 연구에 관해 오펜하이머와 의견이 달라 종종 마찰을 빚었다. 텔러는 이때의 앙갚음을 하려는 듯 청문회에 참석한 이들 중 유일하게 오펜하이머에게 보안 허가를 내주면 안 된다고 주장했다. 또 오펜하이머가 미국에 불충분한 인재라며 비난했다. 맨해튼 프로젝트 후 오펜하이머가 평화를 지지하며 핵폭탄 개발을 저지하자 미국에 충성하지 않는다고 판단한 것이다.

다만 텔러는 맨해튼 프로젝트에 대해 "과학자로서나 행정가로서나 가장 뛰어난 업적이며 당시 오펜하이머는 가장 훌륭한 감독"이라고 서술했다. 우정과 연구 성과를 나눈 동료이자 친구면서도 이들은 향후 가치관과 철학이 상반되며 대립이 심해졌던 것이다.

큰 업적을 남기고 그들은 도대체 왜 사라졌을까?

에토레 마요라나 & 그리고리 페렐만

천재들이 사라졌다. 70여 년간 미지의 입자로 존재했던 마요라나 페르미온Majorana Fermion을 예측한 이탈리아의 천재 물리학자 마요라나와, 100년 동안 수많은 수학 천재를 괴롭히던 푸앵카레 추측Poincaré conjecture을 단번에 풀어버린 러시아의 천재 수학자 페렐만이 그 주인공이다. 이들은 세상을 발칵 뒤집게 한 엄청난 업적을 남기고 자취를 감췄다. 이들은 갑자기 왜 사라진 것일까?

82년 전 사라진 천재 물리학자, 에토레 마요라나

물질은 반물질*과 같이 존재한다. 물질과 반물질의 양쪽 성질이 모두 있는 입자도 있다. 바로 '마요라나 페르미온'이다. 이 놀라운 입자의 존재를 82년 전 실종된 천재 물리학자 마요라나가 예측했다.

마요라나 페르미온을 양자컴퓨터에 사용하면 훨씬 강력하고 안정적인 구동이 가능해 양자컴퓨터를 실용화할 수 있는 단초로 여겨졌지

*물질이 입자로 이루어진 것처럼, 일반 입자와 특정 성질이 반대인 반입자로 이루어진 물질

에토레 마요라나(Ettore Majorana) 1906~?.

만 그동안 포착되지 않았었다. 오랫동안 미지의 존재로 남았던 마요라나 페르미온은 지난 2012년, 레오 쿠벤호벤Leo Kouwenhoven 네덜란드 델프트 대학교수 연구진의 연구를 시작으로 2017년, 막스플랑크 한국 포스텍연구소MPK 연구팀 등이 그 존재를 입증했다. 이러한 획기적인 존재를 무려 100여 년 전에 예측했으니 그는 천재가 확실하다.

마요라나도 어렸을 때부터 수학에 두각을 나타낸 신동이었다. 그는 17세에 로마 대학교에 입학했고 22세에는 중성자의 존재를 예측했다. 그는 이렌 퀴리Irène Curie와 프레데리크 졸리오 퀴리Frederic Joliot Curie의 실험

결과가 양성자와 비슷한 질량을 가진 중성입자에 의한 것이라고 제안했다.

이는 오늘날 중성자 존재에 대한 최초의 예측으로 여겨진다. 하지만 그는 이에 관해 논문을 남기지 않았다. 1938년, 노벨물리학상 수상자이자 그의 스승인 엔리코 페르미Enrico Fermi가 마요라나의 이름으로 논문을 발표한 것이 그의 천재성을 미루어 짐작해볼 수 있는 단서의 전부다. 그는 마요라나에 대해 다음과 같이 극찬했다. “갈릴레오나 뉴턴과 같은 진정한 천재는 극히 드물다. 마요라나도 그렇다.”

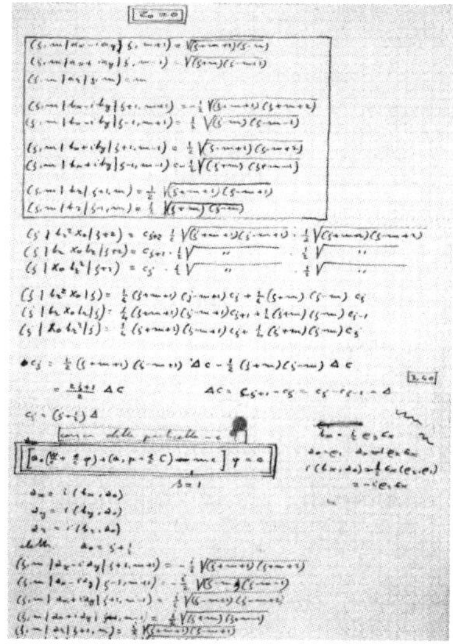

마요라나가 직접 쓴 무한요소 방정식 노트.

마요라나는 모든 위대한 업적과 찬사를 뒤로한 채 홀연히 사라졌다. 1938년, 이탈리아 나폴리 대학교의 이론물리학과 교수로 재직 중이던 그는 어느 날 미안하다라는 내용의 편지 한 통만 남기고 홀연히 잠적했다. 다음 날 바다가 자신을 거부했다며 나폴리로 돌아갈 예정이라는 전보를 학교에 보냈지만, 경찰이 나폴리항을 수색했는데도 그를 찾지 못했다. 일각에서는 우울증으로 자살했으리라 추정하기도 하고, 베네수엘라에 살고 있다는 제보도 있었지만, 아직까지 그의 행방은 묘연하다.

밀레니엄 난제 푼 은둔형 수학자, 그리고리 페렐만

'푸앵카레 추측'은 클레이 수학연구소가 선정한 세계의 밀레니엄 난제 중 하나다. 우주 형태에 대한 3차원 구면의 위상학적 특징을 다룬 문제로, 1904년에 앙리 푸앵카레Henri Poincaré가 제기했다. 이후 100년 만에 마법처럼 문제가 풀렸는데, 누구도 생각하지 못한 인터넷의 한 사이트에 해설이 올라와 화제가 되었다.

러시아의 수학자 페렐만은 2003년에 인터넷 논문 저장 사이트(arXiv.org)에 푸앵카레 추측을 증명한 논문을 올렸다. 그의 등장으로 푸앵카레 추측은 밀레니엄 난제 중 가장 먼저 해결되었다. 국제수학연맹은 3년간 분석 끝에 페렐만의 증명을 인정하고 2006년, 필즈상 수상자로 페렐만을 선정했다.

클레이 수학연구소도 2010년에 그를 밀레니엄상 수상자로 선정하면서 페렐만은 은둔형 수학자에서 일약 스타로 발돋움했다. 하지만 그는 모든 수상을 거부했다. 필즈상 상금 1만 3,400달러와 밀레니엄상 상금인 100만 달러도 거절하고 조용히 학계에서 사라졌다. 이들은 페렐만을 여러 차례 설득했지만, 그는 "내가 우주의 비밀

그리고리 페렐만(Grigori Perelman), 1966~?.

을 좇고 있는데 어떻게 백만 달러를 좇겠는가"라며 상금을 거부했다. 그는 어머니가 받는 최저 연금으로 노모와 함께 생활하며 세상에 나타나지 않고 있다.

이들은 부와 명예를 거부하고 왜 사라진 것일까? 페렐만의 말처럼 학문 연구에만 몰두하고 대중 앞에 나서고 싶지 않아서였을까? 우울증에 시달린 마요라나처럼 정신적 고충 때문이었을까? 세간에는 이들을 둘러싼 소문이 끊이지 않았다. 전 세계 곳곳에서 이들의 흔적을 찾고 제보하는 사람도 많았다. 하지만 이들은 지금까지도 행방이 묘연하다.

만약 마요라나가 실종되지 않았다면 마요라나 입자에 관한 연구는 더 활발히 이루어졌을 것이다. 그가 돌아와서 연구에 더 매진했다면, 양자물리학을 태동한 위대한 발견을 하고도 양자의 성질을 인정하지 않았던 아인슈타인이 생각을 바꿨을 수도 있지 않았을까.

또한 페렐만이 은둔을 택하지 않았다면 아직까지 풀지 못한 또 다른 난제가 해결됐을지도 모른다. 매슬로의 욕구 5단계를 들먹이지 않더라도 인정받고자 하는 욕구는 사람의 본성에 가깝다. 더욱이 남들보다 더 뛰어난 재능이 있다면 더 내보이고 싶을 것 같다. 그러나 이들은 자신의 천재성을 왜 숨기고 심지어 잠적까지 했을까. '관종'이 대세(?)인 현대 사회에서는 더더욱 이해가 어렵다. 천재들이 사는 세계는 범인이 짐작하기 어려운 오묘한 세계인 모양이다.

오다가다 줍줍!

페렐만 제대로 파헤쳐 보기!

페렐만은 알려진 것이 거의 없는 수학자였다. 어느 날 갑자기 인터넷에서 세계적인 난제인 푸앵카레 추측을 풀었다고 주장하면서 유명해졌다. 여러모로 베일에 가려져 있던 그는 세상에 나서는 것을 극도로 꺼렸다.

1966년, 러시아 상트페테르부르크에서 태어난 페렐만은 체육을 제외한 모든 과목에서 뛰어났다. 특히 국제수학올림피아드에 국가대표로 참가해 만점으로 금메달을 받는 등 수학에 뛰어난 재능을 보였다. 그는 박사과정을 마친 후 러시아 과학아카데미에서 일했는데 러시아 핵에너지의 아버지라 불리는 알렉산드로프의 곡률 공간에 관한 연구에 큰 공헌을 했다.

분명한 건 그는 권위 있는 각종 상과 거액의 상금도 거절할 만큼 상식 밖의 인물이었다. 미국 유수의 대학에서 그에게 교수직을 제안하기 위해 찾아다녔지만 소용없었다. 어느 날 갑자기 학계에서 자취를 감춰버렸기 때문이다. 어머니와 버섯 농사를 짓고 있다는 소문만 돌 뿐 그의 생사조차도 아직까지 확인되지 않았다.

재능을 다 쓰지 못한 비운의 과학자들

에바리스트 갈루아 & 로절린드 프랭클린

내가 만약 천재라면? 천재가 되면 삶이 편해질 것 같지만 사실 천재들의 삶이 늘 행복하지만은 않다. 이중 누구보다 뛰어난 재능을 가지고 태어났지만, 능력을 다 펼쳐보지도 못하고 안타깝게 젊은 나이에 생을 마감한 불운의 천재가 있다. 갈루아와 프랭클린이 그 주인공이다.

피지 못한 꽃, 에바리스트 갈루아

갈루아를 생각하면 가슴이 저린다. 그는 겨우 21세의 나이에 어이없이 객사한 비운의 천재기 때문이다. 갈루아는 당시 난제로 꼽혔던 '근의 공식이 5차 방정식에는 존재하지 않는다'는 것을 증명한 수학자다. 더 놀라운 것은 이 답을 무려 10대 시절에 알아냈다. 천재성을 타고난 비범한 인물이라는 것은 두말할 필요도 없다.

갈루아는 이 외에도 각을 삼등분하는 문제나 원적문제*가 해결이 불

*주어진 원과 같은 면적을 가진 정사각형을 자와 컴퍼스로 작도하는 문제.

에바리스트 갈루아(Évariste Galois), 1811~1832.

가능하다고 증명하는 등 오랫동안 풀리지 않았던 난제들을 풀어냈다. 그의 수학적 재능은 '세기의 천재 뉴턴급'이라고 할 만했다. 만약 비운의 죽음을 일찍 맞이하지 않았더라면 세상은 또 어떻게 달라졌을까?

갈루아는 상상력이 풍부한 소년이었다. 어린 시절부터 타고난 수학적 재능에 상상력을 더해 어려운 문제를 풀어냈다. 그는 15세에 이미 대학에서 배우는 수학 전공 서적을 쉽게 이해하기도 했다. 이 놀라운 재능 때문에 주변에 친구가 없었던 걸까? 갈루아는 학창시절 늘 외로웠다고 한다. 학교에서 배우는 많은 과목은 그의 지적 욕구를 채우는 데 턱없이 모자랐다. 갈루아는 이내 학업에 흥미를 잃었고 그나마 자신이 좋아하던 수학에만 몰두하기 시작했다.

누군가에게는 지루하고 괴로운 학문이 수학 천재에게는 가장 재미있는 놀이였다. 하지만 천부적인 재능에 비해 수학 성적은 신통치 않았다. 시험 때 풀이 과정을 적지 않는 갈루아에게 선생들은 좋은 점수를 주지 않았기 때문이다.

사실 갈루아에게 풀이 과정은 무의미했다. 왜냐하면 문제를 보면 머릿속에 바로 정답이 나왔기에 불필요한 풀이 과정을 나열할 이유가 없었다. 계산기를 두들기면 바로 답이 바로 나오듯 갈루아는 왜 굳이 힘들게 풀이를 늘어놓으며 정답을 증명해야 하는지 이해할 수 없었다. 천재의 뇌와 일반인들의 뇌 구조는 이렇게 다르다.

그 습관은 프랑스에서 가장 유명한 명문대 에콜 폴리테크니크의 입학시험을 치르는 과정에서도 나왔다. 갈루아는 시험에서 문제 풀이 과정을 지나치게 생략한 채 답안을 제출해 결국 '0'점 처리되었다. 답을 맞히고도 낙제했으니 얼마나 억울했을까.

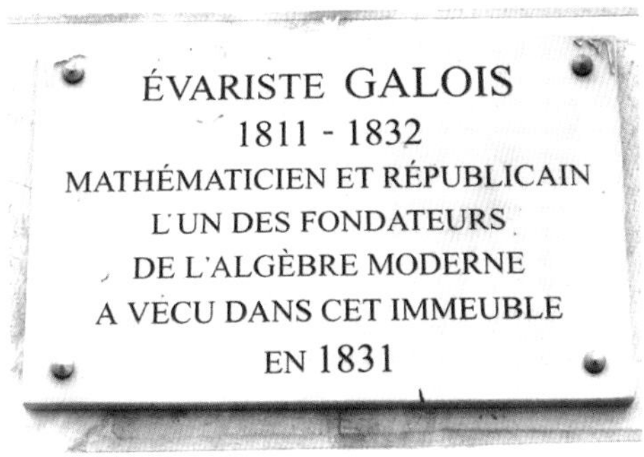

갈루아의 묘비.

갈루아의 불행은 여기서 끝나지 않았다. 당시 혼란스러웠던 정치 상황도 그를 불행으로 몰고 갔다. 정권에 반대하는 급진적인 공화주의자로 정치 활동을 하다가 체포되었다. 감옥에 수용된 후 갈루아는 수학 이론을 세우며 당대 유명한 수학자 시메옹 드니 푸아송Siméon Denis Poisson에게 논문을 제출했다. 하지만 푸아송도, 다른 수학자들도 그의 천부적인 수학 실력을 알아보지 못했다.

갈루아는 자신의 실력을 증명할 수 없어 분노하고 좌절하다 뜻밖의 죽음을 맞이한다. 21세의 젊은 나이에 그만 총상으로 세상을 떠난 것이다. 정확한 이유는 아직도 밝혀지지 않았지만, 사랑했던 여인 스테파니를 둘러싼 결투 때문이라는 이야기도 있고, 혁명가였던 갈루아가 자신을 혁명의 제물로 삼았다는 이야기도 있다. 또 누군가에게 살해되었다는 이야기도 있다.

DNA 구조를 발견한 로절린드 프랭클린

1953년, 데옥시리보핵산DNA의 구조를 발견한 일은 유전학 역사에 한 획을 긋는 거대한 사건이었다. 제임스 왓슨James Watson과 프랜시스 해리 크릭Francis Harry Crick은 유전정보를 담고 있는 DNA의 구조를 발견한 공로로 1962년, 노벨생리의학상을 받았다. 1953년에 'DNA 분자의 이중

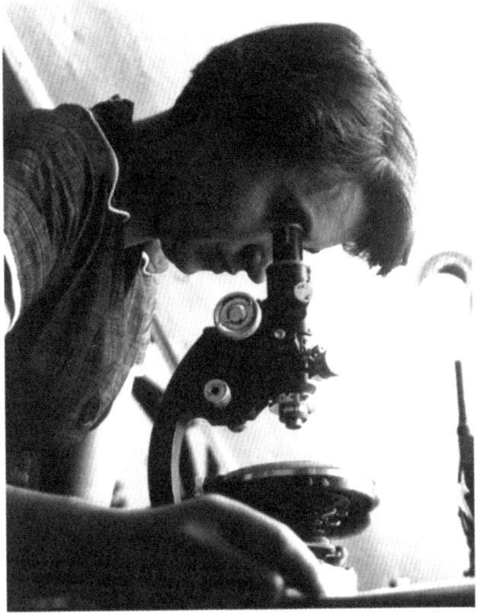
로절린드 프랭클린(Rosalind Franklin), 1920~1958.

나선* 구조를 발견했다'는 혁신적인 논문을 〈네이처〉에 발표하면서 노벨상을 받는 영광이 두 사람에게 돌아간 것이다. 하지만 이 DNA 발견에 가장 큰 공헌을 한 사람은 따로 있었다. 바로 영국의 생물학자 프랭클린이다.

프랭클린은 노벨상 수상 선정에 핵심 요인이 되는 'DNA 이중나선 구조 모형 사진'을 여러 장 찍으면서 DNA 구조를 밝히는 데 결정적인 역할을 했다. 왓슨과 크릭이 발표한 논문에 프랭클린이 찍은 사진이 있었기 때문에 노벨상 수상이 가능했던 셈이다. 하지만 프랭클린은 노벨상의 영광을 함께하지 못했다. 노벨상 수여가 있기 4년 전인 1958년에 난소암으로 세상은 떠났기 때문이다. 원하는 DNA 사진을 얻기 위해 너무 많은 엑스레이 사진을 찍느라 방사능에 심하게 노출된 것이 아닌가 하고 추정된다.

인간 생명의 비밀을 풀 열쇠를 쥐여주고 간 비운의 천재 프랭클린과 21세에 사망한 후, 10년 후에나 천재성을 인정받은 갈루아. 한창 꽃피울 나이에 왜 이들에겐 이토록 가혹한 운명이 찾아온 걸까? 이들이 조금

* 두 개의 서로 대칭인 나선이 같은 축 방향으로 놓여 있는 모양.

더 살아서 연구를 이어갔다면 세상은 또 어떻게 달라졌을지 궁금하다. 유전학은 더욱 발전하고 풀리지 않았던 수학 난제들은 더 빨리 해결되지 않았을까. 그랬다면 과학계는 지금보다 더 진보했을지도 모른다. 그만큼 이들이 인류에게 남긴 과학적 유산은 거대하다.

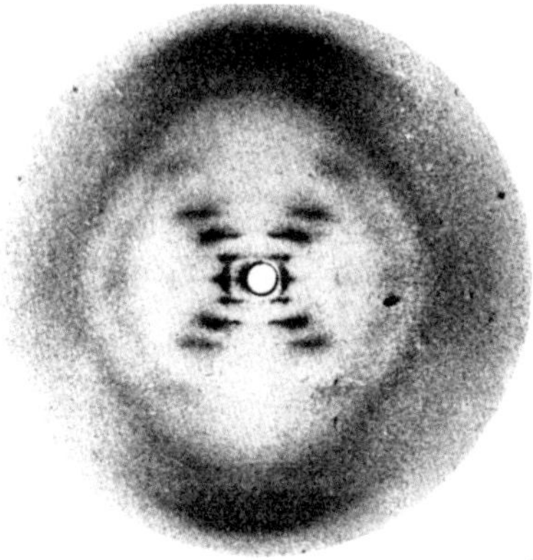

프랭클린이 찍은 이중나선 구조를 보여주는
결정적인 51번 사진.

오다가다 줍줍!

동료에서 적으로!

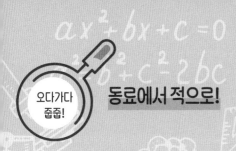

모리스 윌킨스Maurice Wilkins는 프랭클린과 함께 DNA 구조를 공동연구하던 동료였으나 계속된 불화로 동의 없이 프랭클린의 사진을 왓슨과 크릭에게 보여줘버렸다. 왓슨과 크릭은 DNA가 이중나선 구조라는 가설을 세웠으나 증명하지 못하고 있었다. 그런데 프랭클린의 사진이 결정적인 근거가 된 것이다.

그들은 자신들의 논문에 사진을 무단으로 사용했다. 왓슨은 자신의 행동을 정당화하기 위해 저서 《이중나선》에서 프랭클린을 '다크 레이디dark lady'로 칭하기도 했다. 다크 레이디란 '연구 실적을 독단적으로 독식하고자 하는 고집스러운 여성'이라는 뜻으로 여성을 폄하하는 표현이었다.

프랭클린은 사진을 도둑맞은 것은 물론 훼손된 이미지 때문에 오랫동안 고통받았다. 방사능과 스트레스에 많이 노출된 프랭클린은 결국 젊은 나이에 암으로 세상을 떠났다. 영국에서는 늦게나마 이 비운의 과학자를 기리며 '로절린드 프랭클린상'을 제정해 우수한 여성 과학자에게 수여하고 있다. 세 남자가 받은 노벨상에 프랭클린의 헌신과 죽음이 서려 있다는 사실을 우리라도 기억해야 하지 않을까?

CHAPTER 3

끈기와 노력의 천재

라이너스 폴링 & 제임스 왓슨 & 프랜시스 크릭

루이 파스퇴르 & 일리야 메치니코프

찰스 다윈 & 앨프리드 러셀 월리스

스티븐 호킹 & 로저 펜로즈

조르주 르메트르 & 로버트 브라우트

마이클 패러데이 & 조지 워싱턴 카버

엘리자베스 블랙번 & 캐럴 그라이더

프레더릭 생어 & 도로시 호지킨

제프리 힌턴 & 요슈아 벤지오

생명의 비밀을 파헤치기 위한 피나는 노력

라이너스 폴링 & 제임스 왓슨 & 프랜시스 크릭

생명은 어디에서 왔을까. 인류는 생명의 비밀을 알고 싶어서 오랫동안 노력했다. 생명의 원천을 파악하려고 애쓰다가 유전자의 존재를 밝혀내기에 이르렀다. 그레고어 멘델Gregor Mendel이 '유전자'라는 개념을 밝힌 후 과학자들은 생명의 비밀을 풀 열쇠로 여겨 DNA 분자구조를 밝히고자 했다. 폴링, 윌킨스, 왓슨과 크릭이 대표적이다. 이들은 서로 경쟁하며 DNA 구조를 규명하고자 노력했다.

생명의 원천을 찾아 헤맨 라이너스 폴링

"넌 어쩜 그렇게 네 아빠(엄마)랑 똑같니?" 살면서 누구나 한번쯤 이런 말을 들어봤을 것이다. 얼굴만 닮은 것이 아니다. 식성, 습관, 잠자는 모습까지 유전자의 힘은 피도 못 속일 만큼 강력하다. 유전자는 생명체 개개의 유전형질을 발현시키는 인자다. 생물은 유전정보를 바탕으로 몸을 형성하고 고유의 형질을 발현한다. 유전자는 생식세포를 통해 부모의 유전정보를 자손에게 전달한다.

라이너스 폴링(Linus Pauling), 1901~1994.

유전자라는 개념을 창시한 과학자는 멘델이다. 모든 유전학의 모태가 되는 멘델의 법칙Mendel's laws* 으로 유명한 그는 1865년, 완두콩 교배 실험을 이용해 과학적으로 유전 원리를 밝혔다. 우리의 몸은 유전자로 설계된 집과 같다. 그렇다면 DNA는 무엇일까? 유전자의 본체가 바로 DNA다. 인간은 유전자, 더 나아가 DNA의 구조를 발견하며 그동안 알아내기 어려웠던 생명의 비밀에 한걸음 더 다가가게 되었다.

DNA를 파악하기 위해 수많은 과학자가 심혈을 기울였다. 1869년,

*부모의 형질이 자손에게 전해지는 유전 현상에 관한 법칙.

프리드리히 미셰르Friedrich Miescher는 백혈구의 핵에서 DNA의 존재를 처음 발견했다. 이후 더 많은 연구 끝에 DNA가 유전물질이라고 규명되자 과학자들은 DNA 분자구조를 밝히기 위해 노력했다. 이들 중 가장 먼저 주목받았던 사람은 노벨상 2관왕의 주인공 폴링이었다. 당대 최고의 화학자였기 때문이다.

그는 오비탈orbital*을 이용해 화학결합을 설명하며 오늘날의 양자화학의 기초지식을 체계화하는 데 크게 공헌했다. 그 공로로 1954년에 노벨화학상을 받았다. 또한 세계 과학자들을 대상으로 핵실험을 제한하자는 청원운동을 벌였다. 이런 노력은 1963년 8월 5일, 러시아(당시 구소련)의 모스크바에서 '부분 핵실험 금지 조약' 체결로 이어졌고 1962년에 노벨평화상까지 받았다.

이처럼 대내외적으로 활발한 활동을 벌인 폴링은, DNA의 구조를 밝히기 위한 연구에도 적극적이었다. 당시 화학계에서는 폴링이 분자 간 결합에 관한 최고의 권위자였기에 학계가 거는 기대도 엄청났다. 하지만 결과는 '대실패'였다. 원자핵, 생물분자, 분자유전학, 분자의학, 의학적 연구 등 수많은 분야에 이바지한 위인이었음에도 이번 연구에서는 불완전한 시료 때문에 'DNA의 구조는 삼중나선'이라는 잘못된 결론에 다다르며 DNA 구조를 밝히는 데 실패했다.

*원자, 분자, 결정 속의 전자나 원자핵 속의 핵자 등의 양자역학적인 분포 상태를 이르는 말.

금지된 연구를 했던 제임스 왓슨과 프랜시스 크릭

결과는 실패로 돌아갔지만 폴링의 연구는 DNA 구조 연구에 적지 않은 공을 남겼다. DNA가 이중나선 구조라는 것을 밝혀 노벨생리의학상을 받은 왓슨 또한 저서 《이중나선》에서 폴링이 가장 큰 경쟁자였다고 밝혔다.

128줄의 짧은 논문으로 DNA의 구조가 이중나선이라는 생명의 비밀을 밝혀내며 1962년, 노벨생리의학상을 거머쥔 왓슨과 크릭은 의지와 집념의 사나이였다. 열정이 너무 지나친 나머지 상급자의 지시를 어기고 몰래 DNA 구조 연구를 진행하기도 했다.

왓슨과 크릭은 영국 케임브리지 대학교에서 DNA 연구를 하던 중 잘못된 모델을 제시해 DNA 연구를 금지당했다. 그런데도 이들이 연구를 계속할 수 있었던 것은 프랭클린의 '엑스선 회절 사진' 덕분이었다. 프랭클린은 1952년, 엑스선을 이용해 DNA의 사진을 촬영해 'DNA의 구조가 X자 모양의 삐뚤어

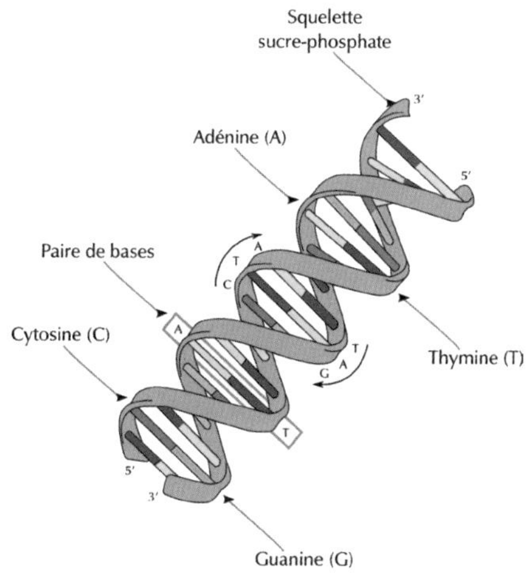

이중나선 구조로 된 DNA의 구조.

제임스 왓슨(James Watson), 1928~.

프랜시스 크릭(Francis Crick), 1916~2004.

진 사다리 구조'라고 발표했다. 하지만 프랭클린은 중요한 한 가지를 놓쳤는데, 바로 DNA가 이중나선 구조라는 사실까지는 미처 알아채지 못했던 것이다.

프랭클린과 함께 연구하던 윌킨스는 프랭클린의 사진을 왓슨과 크릭에게 보여줬고 둘은 이 사진을 바탕으로 연구를 지속할 수 있었다. 정작 DNA의 새로운 구조를 밝히는 데 결정적인 사진을 제공한 프랭클린은 수많은 엑스레이 사진을 찍다가 방사능에 노출되어 38세의 나이에 암으로 세상을 떠났다. 다른 동료들이 이 업적으로 노벨상을 받기 불과 4년 전에 말이다. 또 다른 천재의 안타까운 죽음이었다.

천재들의 대결에서 DNA의 구조를 알아낸 승자는 왓슨과 크릭, 윌킨스였다. 모두의 기대를 한 몸에 받았던 폴링은 사실상 미흡한 연구 결과를 발표하면서 대결에서 패배했다. 프랭클린은 자신의 사진을 도둑맞았고 노벨상 수상이 있기 전에 사망했다. 그래서 왓슨과 크릭, 윌킨스가 1962년에 노벨생리의학상을 받았다.

DNA의 구조를 파악한 덕분에 인류는 한단계 더 성장해 생명의 설계도를 알 수 있었다. 사실 DNA의 구조를 밝힐 수 있었던 것은 노벨상 수상자의 업적 덕분이기도 하겠지만 그것을 밝히기 위해 도전했던 수많은 과학자의 피와 땀이 있었기 때문이다. 인류는 이들의 연구를 통해 인간 유전체의 염기서열*을 파악하고 질병과 바이러스에 대처할 수 있는 강력한 힘을 손에 넣게 되었다.

*유전자를 구성하는 염기의 배열로 아데닌(A), 구아닌(G), 시토신(C), 티민(T)의 순서로 돼 있음.

오다가다 줍줍!

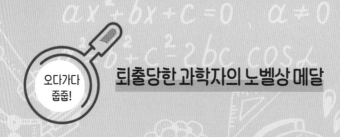

퇴출당한 과학자의 노벨상 메달

1953년 4월, 크릭과 왓슨은 국제 학술지 〈네이처〉에 공동으로 DNA가 이중나선 구조라는 내용의 논문을 발표했다. 불과 3장으로 이루어진 이 짧은 논문은 20세기 유전학에서 가장 위대한 발견이었다. 이 논문으로 두 사람은 1962년, 노벨생리의학상을 받았다. 이후 왓슨은 미국 하버드 대학교 교수로 활동하면서 부와 영예를 동시에 누렸다. 하지만 2007년, 흑인을 비하하는 등 지속적인 인종차별적 발언으로 맹비난을 받으며 학계에서 퇴출당했다. 이후 생계조차 어려워질 정도로 곤란에 처해 급기야 노벨상 메달까지 경매에 내놓게 되었다. 왓슨은 뒤늦게 지난날 자신이 어리석었다며 사과했다.

그의 메달은 우즈베키스탄 출신의 러시아 최대 부호인 알리셰르 우스마노프가 약 53억 원에 사들였다. 그러고는 왓슨의 공로를 인정해 도로 주인에게 메달을 돌려주었다. 우스마노프는 당시 자신의 아버지가 암으로 사망한 사실을 언급하며 "왓슨이 DNA의 이중나선 구조와 기능을 알아내 암 치료 연구에 획기적인 전환기를 마련했기에 메달을 주인에게 돌려준다"라고 밝혔다.

이렇게 감동적인 이야기로 마무리될 뻔했으나 5년 후인 2019년, 왓슨은 한 인터뷰에서 흑인과 백인 사이에는 평균적인 지능 차이가 존재하고 이는 유전적이라고 주장했다. 불미스러운 발언으로 또다시 과학적 공로가 퇴색되었다.

behind story

생명 연장을 위한 미생물과의 대격돌

루이 파스퇴르 & 일리야 메치니코프

마트에 가면 위인의 이름을 딴 제품을 쉽게 찾을 수 있다. 특히 우유와 아이스크림, 요구르트 등의 유제품에 위대한 과학자들의 이름이 새겨져 있다. 아인슈타인과 파스퇴르, 메치니코프가 그 예다. 파스퇴르는 발효와 질병의 원인이 되는 미생물을 연구했고 메치니코프는 백혈구의 식균작용과 면역을 연구했다. 이들의 이름은 왜 오늘날 상품에 붙여졌을까? 아마도 인간의 생명 연장을 위해 노력한 과학자를 상징하는 대표적인 인물이기 때문일 것이다.

광견병 백신을 만든 미생물학의 아버지, 루이 파스퇴르

파스퇴르는 획기적인 저온살균법[*]을 고안해 당시 고온살균법만을 사용하던 우유 시장에 파란을 일으켰다. 저온살균법을 사용하니 우유의 저장 기간이 길어졌고 식중독 문제도 해결됐다. 덕분에 저온살균법은 파스퇴르의 이름을 대중에게 널리 알리는 계기가 되기도 했다. 하지

*미생물을 살균할 때 품질의 변화를 최소로 하기 위해 최소한의 저온으로 시행하는 살균법.

루이 파스퇴르(Louis Pasteur), 1822~1895.

만 그가 위대한 과학자로 우뚝 선 데에는 광견병 백신을 개발한 업적이 가장 크다.

광견병은 중추신경계의 바이러스 감염질환으로, 바이러스에 걸린 개가 물면 인간에게도 전염됐다. 광견병은 사람에게 치명적이다. 한번 감염되면 발작하다가 죽을 때까지 고통스러운 경련을 일으키기 때문이다. 드물게 회복되기도 하지만 대개 증상이 발현되면 3~5일 만에 사망하곤 했다.

1899년 당시에는 약한 광견병 바이러스를 동물에게 주입해 면역이 생기면 그 동물의 혈청을 뽑아 사람에게 주사하는 혈청치료법을 사용했다. 하지만 개에게 물린 후 이틀 안에 주사를 맞아야 효과를 볼 수 있어 여전히 백신 개발이 절실한 상황이었다.

실험실에서 과학 실험을 하고 있는 파스퇴르.

파스퇴르는 광견병에 걸린 동물에게서 바이러스를 분리하고 배양해 독성이 약화된 백신을 만드는 데 성공했다. 그는 개에게 백신을 접종해 광견병을 예방할 수 있음을 입증했다. 문제는 사람이었다. 사람에게 바로 시험할 수는 없었기에 한동안 사람용 백신 개발은 요원해 보였다.

연구에 고전을 겪던 파스퇴르는 미친개에게 물린 9세 소년을 만나면서 사람에게 접종할 기회를 얻었다. 12회에 걸쳐 백신을 접종한 결과 소년은 무사히 회복되었다. 마침내 효능이 검증된 것이다. 소년의 사례를 통해 광견병 백신을 대중화하고 수많은 생명을 구할 수 있었다. 파스퇴르가 '현대 세균학의 아버지'라 불리는 이유다.

파스퇴르는 노년까지 자신의 이름을 따서 설립한 파스퇴르 연구소 소장으로 근무하며 질병의 원인과 예방법, 위생 보건 등 현대의학에 커다란 영향을 끼쳤다. 그의 획기적인 실험들은 인류에 지대한 공헌을 했다.

한편 파스퇴르는 실험 윤리의식을 어겼다고 비판을 받기도 했다. 진료 경험이 없고 의사 면허도 없었기 때문에 사람을 대상으로 한 실험은 윤리적으로 부도덕하다는 것이었다. 의사 면허도 없던 파스퇴르가 위험성 여부도 확실치 않은 백신을 미성년자에게 주입했다는 사실은 지금 생각해도 받아들이기 어려운 부분일 수 있다.

불가리아에서 장수의 비법을 찾은 일리야 메치니코프

일리야 메치니코프(Il'ya Metchnikoff), 1845~1916.

'메치니코프' 하면 한 요구르트의 광고 문구였던 '생명 연장의 꿈'이 가장 먼저 생각난다. 1908년, 노벨생리의학상을 받은 그는 노년에 인간 장수의 비결을 알기 위한 연구에 매진했다.

우리 몸은 유해한 세균과 유익한 세균이 계속 싸우며 지내는 전쟁터다. 인간은 태어나는 순간부터 세균과 싸워야 한다.

다만 세균이라고 해서 모두 나쁜 것은 아니다. 우리 몸에 도움이 되는 유익균도 있는데, 건강을 유지하려면 유익균이 많아야 한다.

최근 건강에 좋은 영향을 주는 생균 프로바이오틱스 probiotics*가 많은 관심을 받았다. 장내 건강이 사람의 건강을 좌지우지한다는 학설이 보편화되면서 관련된 약과 건강보조식품이 쏟아져 나오고 있다. 이 프로바이오틱스를 발견한 사람이 바로 메치니코프다.

메치니코프는 장수의 비법으로 유산균**인 프로바이오틱스에 주목했다. 1907년, 메치니코프는 〈생명 연장〉이라는 논문에서 유산균이 인간의 노화를 늦추고 수명을 연장하는 중요한 열쇠라고 발표했다.

메치니코프는 불가리아의 한 장수 마을에서 유산균을 발견했다. 그는 노인들이 유산균 발효유를 즐겨 마신다는 것을 알고 수명과 연관성이 있는지 밝히기 위해 연구에 몰두했다. 그 결과 장속의 노폐물과 부패 독소가 사람의 수명을 단축시키며, 이러한 독소를 없애주는 유익한 균이 바로 유산균임을 알아냈다. 메치니코프는 장의 부패를 유산균이 막아주리라 생각하고 스스로 유산균을 배양해 마시며 생명 연장의 꿈을 이어나갔다.

파스퇴르와 메치니코프는 파스퇴르 연구소에서 만났다. 파스퇴르는 1886년부터 파스퇴르 연구소의 소장으로 오랫동안 지냈다. 메치니코프는 연구소가 설립된 이듬해 연구원으로 입사해 1888년부터 1916년까지 일했다. 파스퇴르의 업적을 기리기 위해 만든 파스퇴르 연구소는 메치

*체내에 들어가서 건강에 좋은 효과를 주는 살아있는 균.

**장에서 젖산을 생성하고 유익한 균이 증가할 수 있도록 산성으로 변화시켜 주는 균.

도서관에서 연구 중인 메치니코프.

니코프를 비롯해 지금까지 10차례 노벨상 수상자를 배출했다.

인류에게 백신과 유산균을 선사한 이들은 파스퇴르 연구소에서 훌륭한 후학들을 배출하며 인류에 크게 공헌했다. 유산균을 발견한 파스퇴르와 유산균을 널리 알린 메치니코프 덕분에 현대인은 다양한 바이오 기술과 제품의 혜택을 누릴 수 있게 되었다. 이들이 유제품 진열대에서 서로의 이름을 걸고 경쟁하게 된 것도 그만큼 생명 연장에 관한 연구 성과를 인정받은 결과다.

인간에게 생명 연장만큼 중요한 이슈는 없다. 기업은 그것을 마케팅으로 활용한 것이다. 앞으로 또 어떤 과학자가 마트 진열대의 로열석을 차지할까? 우리의 삶을 또 한차례 뒤바꿀 만한 위대한 발견으로 새로이 이름을 올리는 천재가 나타나면 좋겠다. 기왕이면 우리나라 과학자가 그 주인공이 되었으면 하는 소망이 있다. 뛰어난 재능을 가진 'K-과학자'들의 선전을 기대해본다.

오다가다 줍줍!

파스퇴르를 연구자로 이끈 스승

장 바티스트 뒤마는 프랑스의 화학자로 해면을 불태운 재에서 발견한 아이오딘이 갑상샘종의 치료 약으로 쓸 수 있다는 사실을 밝혔다. 이후 아이오딘, 수은 등의 증기 밀도 측정법을 알아내는 한편, 30개 원소의 원자량을 결정했다. 이런 이야기가 생소하다고? 뒤마는 우리가 흔히 알고 있는 포도당[glucose]이라는 용어를 처음 만들어 사용한 장본인이기도 하다. 그는 프랑스 소르본 대학교에서 화학을 가르칠 때 실험 중심의 흥미로운 강의를 했고, 파스퇴르는 그 강의에 매료되었다. 뒤마 교수의 강의를 들으며 파스퇴르는 과학 실험에 호기심을 갖게 되었다. 이후 파스퇴르가 에콜 노르말을 졸업하고 중등 교사로 나가야 했는데 뒤마 교수는 그를 특별히 아껴 자기 실험실의 연구 조수로 임명했다. 그후 당시 화학계에서 풀리지 않았던 광학 이성질체의 비밀을 밝힐 수 있는 기반을 마련해주었다. 역시 훌륭한 스승 밑에서 훌륭한 제자가 나오나 보다.

장 바티스트 뒤마(Jean-Baptiste Dumas), 1800~1884.

진화론의 아버지와 잊힌 '흙수저' 천재

찰스 다윈 & 앨프리드 러셀 월리스

'진화론'하면 누구부터 생각나는가? 보통 다윈을 쉽게 떠올릴 것이다. 그는 《종의 기원On the Origin of Species》으로 전설적인 과학자의 반열에 올랐다. 하지만 진화론은 온전히 다윈의 업적만은 아니다. 다윈과 함께 진화론의 핵심 개념인 자연선택설*을 밝힌 과학자가 있기 때문이다. 바로 월리스다. 그는 다윈과 함께 자연선택 개념을 제시한 천재 진화론자였다. 당대 저명한 학자 다윈과 무명의 '흙수저' 월리스 두 사람은 서로 다르면서도 닮았다. 다윈의 위대함은 무명의 생물학자가 하는 이야기에 귀 기울여준 담대함도 한몫할 것이다. 대결이 무색할 만큼 '다윈 승'으로 끝나버릴 싱거운 싸움에서 서로를 인정하며 새로운 인류의 역사를 찾아냈기 때문이다.

진화론의 아버지, 찰스 다윈

다윈은 인류 생명의 비밀을 밝히고자 했던 영국의 생물학자다. 그는

*생물의 종(種)은 자연 선택의 결과, 환경에 적합한 방향으로 진화한다고 하는 학설.

찰스 다윈(Charles Darwin), 1809~1882.

근대 과학 역사상 가장 중요한 학설 중 하나인 진화론을 창시했다. 다윈은 생명의 근원이 어디에서 오는지 연구했다. 생물의 모든 종이 공통의 조상에서 이어지리라고 생각했기 때문이다.

사실 진화론은 다윈 이전에도 계속 제기되었다. 1830년대 초, 지질

학자인 찰스 라이엘Charles Lyell은 별들이 진화해왔다고 주장했고, 다윈의 조부인 이래즈머스 다윈Erasmus Darwin도 지구는 인간이 나타나기 전부터 존재했으며 동물도 진화해왔을 것이라고 주장했다.

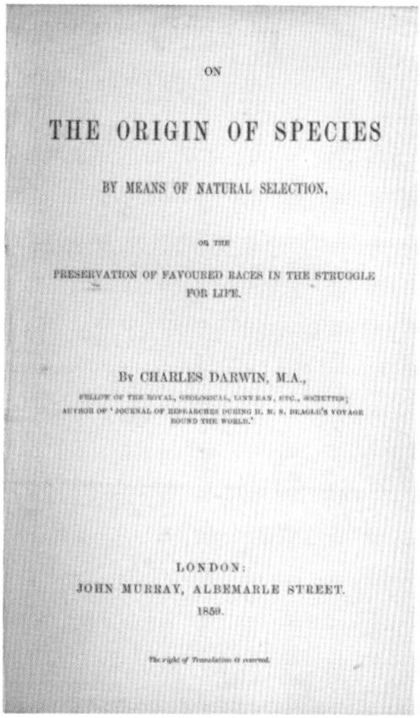
ON

THE ORIGIN OF SPECIES

BY MEANS OF NATURAL SELECTION,

OR THE

PRESERVATION OF FAVOURED RACES IN THE STRUGGLE FOR LIFE.

BY CHARLES DARWIN, M.A.,

FELLOW OF THE ROYAL, GEOLOGICAL, LINNÆAN, ETC., SOCIETIES;
AUTHOR OF 'JOURNAL OF RESEARCHES DURING H. M. S. BEAGLE'S VOYAGE ROUND THE WORLD.'

LONDON:
JOHN MURRAY, ALBEMARLE STREET.
1859.

The right of Translation is reserved.

1859년에 발행한 《종의 기원》 초판.

경제학자 토머스 맬서스Thomas Malthus의 이론인 '인구론'도 진화론을 만드는 데 커다란 영향을 끼쳤다. 인구론은 인구가 기하급수적으로 증가해 지구의 한정된 자원으로는 늘어난 인구를 감당하지 못해 인류의 생존을 어렵게 하리라고 보았다. 다윈은 여기서 영감을 얻어 이처럼 생존이 어려워진 환경에 적응하도록 진화한 개체만이 살아남으리라는 적자생존의 원리를 진화론에서 내세웠다. 하지만 이들 주장에는 실증적 증거가 없었다. 그러다 다윈이 비글로호를 타고 많은 곳을 탐사해 자연을 관찰하며 동식물이 수백만 년에 걸쳐 진화해왔음을 밝혀냈다. 이를 바탕으로 그 유명한 《종의 기원》이 탄생한 것이다.

다윈의 진화론이 인류에 미친 영향력은 엄청나다. 진화론은 유전학으로 이어지면서 인간의 기원을 밝히는 데 큰 공헌을 했다. 다윈이 주장한 진화론의 핵심은 '자연선택'이다. 자연선택이란 인위적인 선택인 교배와 비슷한 현상이 생존경쟁을 거쳐 일어난다는 것이다.

자연선택설은 다윈과 월리스가 쓴 공동논문의 핵심 내용이기도 하다. 월리스는 다윈처럼 자연선택설을 주장했지만, 당시 그의 이름은 다윈에 가려 있었다. 인류 사회에 대변혁을 가져온 진화론의 공동저자였지만 월리스는 스포트라이트를 받지 못했다.

무명의 생물학자, 앨프리드 러셀 월리스

최근 월리스의 업적이 재조명되고 있다. 다윈이 그의 아이디어를 얼마나 참조해 《종의 기원》을 썼는지 확인하기 위해서다. 다윈이 자연선택 개념을 창안하기 전에 월리스가 먼저 제시했는지 혹은 둘이 함께했는지는 여전히 논쟁거리다. 중요한 점은 월리스가 자연선택의 개념을 누구보다 명확하게 이해하고 이를 다윈에게 편지로 전했다는 사실이다.

1858년, 당시 다윈은 무명의 생물학자에게서 온 편지에 넋을 잃었다. 그 편지에는 자신이 20년간 집대성해 온 진화론의 핵심 개념이 담겨 있었기 때문이었다. 이미 당대 최고의 학자였던 '금수저' 다윈과는 달리 월리스는 정규 교육도 제대로 받지 못하고 동식물 채집으로 생계를 이어가던 '흙수저' 생물학자이자 탐험가였다. 그런 어려움을 딛고 그는 타고난 재능과 숱한 경험을 통해 진화론을 정립해나갈 수 있었다.

월리스는 다윈이 다년간의 비글호 항해로 얻은 경험을 바탕으로 진화론을 정립해나간 것처럼 1854년부터 8년간 말레이시아, 인도네시아,

앨프리드 러셀 월리스(Alfred Russel Wallace), 1823~1913.

싱가포르 등을 여행하며 개구리, 나비, 극락조, 나무타기캥거루 등 다양한 종의 변화를 목격했다. 이때 그가 얻은 경험은 자연선택설을 뒷받침하는 실질적인 근거가 되었다.

그는 동식물이 환경에 적응해 진화하고 있다는 것을 몸소 겪으며 알 수 있었다. 크로에수스비단제비나비[Ornithoptera croesus]는 월리스가 발견한 자연선택을 따른 종의 대표적인 사례다. 홀로 오지를 누비며 관찰한 결과 이 나비 종이 자연환경에 따라 살아남기 위해 변이가 이루어졌음을 알게 되었다. 멸종위기종으로 황금빛 날개가 아름다운 이 나비는, 그의 이름을 따 월리스의 황금버드윙Wallace's Golden Birdwing Butterfly이라는 별명을 얻었다.

월리스는 그동안 수집한 진화론 관련 연구 결과를 다윈에게 보냈다. 다윈은 월리스의 이야기를 무시하지 않고 받아들여 공동으로 논문을 발표했고 마침내 《종의 기원》을 완성했다. 비록 다윈이 진화론의 아버지로 추앙되는 동안 월리스는 2인자로 잊히고 말았지만, 이 두 천재의 만남이 진화론의 한 부분을 완성했음은 분명하다. 두 사람 덕분에 인류는 생명의 기원을 고찰하는 소중한 기회를 얻게 되었다.

만약 다윈이 월리스의 편지를 그냥 지나쳤다면 어떻게 되었을까? 당시 저명한 학자였던 다윈은 무명의 학자 월리스의 편지를 검토하지 않을 수도 있었다. 하지만 다윈은 월리스의 편지에서 젊은 시절 자신이 완성하고자 했던 진화론의 흔적을 찾았고 같은 이론을 생각해낸 그를

크로에수스비단제비나비, 황금빛 날개가 아름다운 멸종위기종.

높게 평가했다.

월리스도 다윈의 도움으로 연구를 이어갈 수 있었다. 가난해도 끈질긴 연구와 목숨을 건 탐험을 멈추지 않았던 월리스의 도전이 최근 새롭게 조명되며 그 또한 진화론의 창시자로 나란히 자리매김했다. 위대한 이론을 세우는 데 큰 힘을 보태며 마침내 자신의 꿈을 이룬 월리스. 이 천재에게 누구보다 더 큰 박수를 보내고 싶다.

오다가다 줍줍!

열네 살의 나이 차이를 뛰어넘은 브로맨스(?)

월리스가 《종의 기원》을 집필하는 데 크게 기여하고도 자신이 원저자라는 사실을 크게 떠들지 않고 살았던 이유에 대해 여러 해석이 분분하다. 그중 하나로 다윈과의 브로맨스가 꼽힌다. (물론 이상한 상상은 금물이다.)

유복한 환경을 타고나 대대로 엘리트의 길을 걸어왔던 다윈과는 달리 월리스는 빈한한 유년 시절을 보내고 노동자의 길을 걸었다. 측량사로 근무하다가 불경기로 측량 일도 할 수 없자 어릴적 자신의 심장을 뛰게 했던 곤충채집에 남은 인생을 걸었다. 이후 14년간 브라질, 인도네시아 등 각지를 돌며 여러 곤충과 동물의 표본을 수집하고 기록을 남겼다. 그러나 불행하게도 배에 화재가 발생해 대부분의 수집 표본이 타버려 가까스로 목숨만 부지한 채 영국으로 돌아왔다.

이후 목숨을 걸고 수집한 물품을 팔며 겨우 생계를 유지했다. 그러던 차에 평소 존경하던 다윈에게 자신의 연구 성과에 관한 편지를 보냈고, 이를 계기로 월리스의 연구 성과는 다윈과 함께 세상에 알려졌다. 다윈은 월리스를 물심양면 지원했다. 그를 《종의 기원》 공동저자로 올렸으며, 이후에도 그의 연구 성과를 알리는 데 적극적으로 나섰다. 이러한 다윈의 후원 덕분에 월리스는 25편의 논문을 더 쓸 수 있었다. 노년에 공로를 인정받아 매년 200파운드의 연금을 받을 수 있었던 것도 다윈 덕분이라는 후문이다.

서로 상반된 삶을 살면서도 학문에서 하나의 방향성을 찾아낸 두 사람. 남의 연구 성과를 빼앗고 빼앗기는 일이 빈번한 학계에서 라이벌이면서도 서로를 존경하며 후원한 이들의 관계는 과학사에서 쉽게 찾아보기 어려운 훈훈한 브로맨스 아닐까.

미스터리 천체,
블랙홀의 비밀을 찾아라

스티븐 호킹 & 로저 펜로즈

우주는 어떤 모습일까? 그리고 우리는 우주 속에서 어떤 의미일까? 인류는 늘 우주를 바라보며 궁금해했다. 그 거대한 질문은 항상 물음표로 남았다. 천체물리학자 호킹은 몸이 불편해져 전동 휠체어에 의지하게 될수록 더욱 우주로 눈을 돌렸다. 인간의 근원적인 물음에 대한 답이 우주에 있다고 믿었기 때문이다. 우주에는 아직도 인류가 풀지 못한 미스터리가 많다. 광활한 우주 어딘가에 존재한다는 블랙홀은 얼마나 신비로운가.

이 블랙홀의 비밀을 파헤쳐 세상에 알린 3인방 펜로즈, 라인하르트 겐첼, 앤드레아 게즈가 2020년, 노벨물리학상의 주역이 됐다. 이들의 연구는 우주의 별이 된 천재 물리학자 호킹의 발자취까지 확인할 수 있어 더욱 의미가 깊다.

블랙홀을 사랑한 스티븐 호킹

요즘 유행하는 '먹방'을 보면 가히 '블랙홀'의 향연이라 할 수 있다. 한꺼번에 밥을 13공기 먹거나 라면을 10봉지를 끓여먹고 치킨에 만두

스티븐 호킹(Stephen Hawking), 1942~2018.

에 엄청난 양의 음식을 블랙홀처럼 흡입하는 이들이 많기 때문이다. 그 많은 음식이 입속으로 흔적도 없이 사라지는 모습을 넋놓고 보게 되는 것처럼 블랙홀 또한 모든 것을 빨아들이며 사람들을 현혹한다.

블랙홀 하면 호킹을 빼놓을 수 없다. 지난 2018년도에 타계한 호킹만큼 대중의 사랑을 받았던 물리학자는 흔치 않다. 호킹은 일생을 양자역학과 상대성이론으로 블랙홀의 존재를 규명하는 데 할애했다. 그는 우주의 생성과 우주의 힘을 설명하는 통일장이론unified theory of field*에 크게

*입자물리학에서 기본입자 사이에 작용하는 힘의 형태와 상호관계를 하나의 통일된 이론으로 설명하는 장이론.

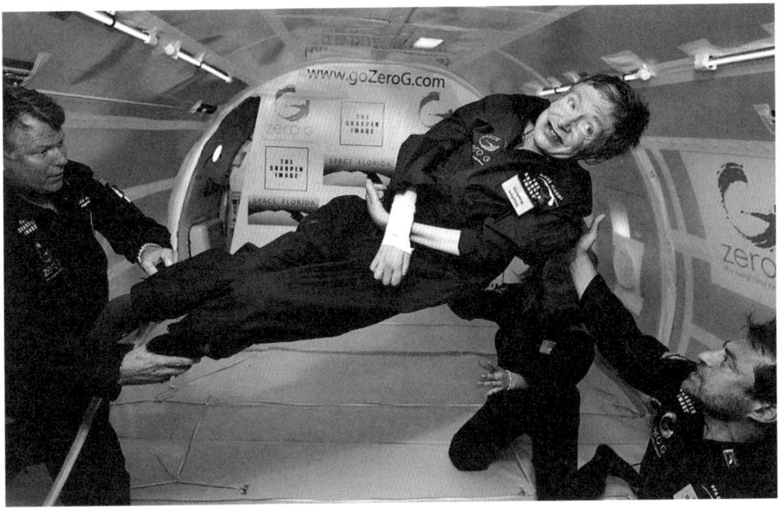

2007년, 무중력 상태에서 자유롭게 유영하는 호킹.

기여했다.

호킹은 무엇보다 인류가 가장 궁금해하는 우주와 시간 여행, 인류의 존재를 찾는 '빅 퀘스천'에 대한 답을 구하고자 했다. 《시간의 역사》는 그의 이름을 세계에 알린 책이다. 1998년에 출간한 이 책은 40개 언어로 번역되어 1천만 부 넘게 팔리며 지금까지 밀리언셀러로 사랑받고 있다. 호킹이 사랑받는 이유는 그가 뛰어난 천체물리학자라는 사실 말고도 오랫동안 고된 병에 시달리면서도 연구에 대한 열정을 꺾지 않았기 때문이다. 게다가 그는 고통을 유머로 승화하며 대중에게 행복과 미소를 선사했다.

호킹은 21세에 2년 시한부 판정을 받았다. 그의 병명은 '근위축 측

삭 경화증ALS'으로 일명 '루게릭병'이라 불리는 불치병이다. 그는 루게릭병을 앓으면서 목이 꺾이고 팔과 다리를 사용할 수 없었다. 근육이 마비되어 목소리도 나오지 않았다. 얼굴은 시간이 지날수록 일그러졌고 제대로 앉아 있는 것조차 힘겨웠다. 그는 박사학위를 앞두고 연구를 계속해야 하는지 갈등하기도 했다. 이 병에 걸리면 스스로 신체 운동을 통제할 능력을 잃고 말하고 먹고 숨 쉬는 능력까지 서서히 잃어가기 때문이었다. 하지만 그는 좌절하지 않았다. 오히려 그러한 불운의 순간을 더욱 즐겼다. 불편한 몸도 그의 마음을 묶어둘 수 없었다.

그는 몸이 점점 불편해질수록 더 자유로워졌다. 호킹은 머릿속으로 물리학 법칙을 생각하면서 우주를 여행하듯 살았다. 그의 유작 《호킹의 빅 퀘스천에 대한 간결한 대답》에서 "나는 우리은하에서 가장 먼 끝까지 가보았으며 블랙홀 안에도 들어가고 시간이 시작되는 순간으로 거슬러 가보기도 했다"*라고 회고했다. 호킹은 인간으로서 가장 절망적인 순간에 신체의 구속을 벗어던지고 가장 자유로운 영혼이 되었다.

◎ 호킹과 나이를 뛰어넘는 우정과 경쟁, 로저 펜로즈

호킹은 죽는 날까지 블랙홀을 연구하며 블랙홀의 비밀에 더 다가가려고 애썼다. 펜로즈는 이러한 호킹과 함께 블랙홀에 대한 저서를 집필

---

*스티븐 호킹, 《호킹의 빅 퀘스천에 대한 간결한 대답》, 배지은 역, 까치글방, 2019, 53p

하며 블랙홀의 존재를 규명했다. 당시 23세 대학생이던 호킹은 펜로즈 교수의 블랙홀 특이점 정리에 흥미를 가졌다. 호킹은 우주가 팽창하는 과정을 거꾸로 돌리면 중력수축*과 유사한 현상이 일어나고 여기에 펜로즈의 증명을 적용할 수 있겠다고 생각했다. 이후 호킹은 펜로즈와 함께 특이점 정리를 연구해 '호킹-펜로즈 이론'을 발표했다. 이는 일반상대성이론이 맞다면 우주는 반드시 특이점으로부터 시작했을 것이라는 가설을 수학적으로 증명한 것이다. 천재 호킹과 그의 천재성을 일찍이 알아본 펜로즈의 멋진 컬래버레이션이었다.

로저 펜로즈(Roger Penrose), 1931~.

블랙홀은 물질이 극단적으로 수축해 자신의 빛조차 빠져나올 수 없는 극한의 중력을 지닌 천체다. 우리는 영화에서 많이 봐서 익숙하지만 사실 블랙홀은 오랫동안 상상 속 이론으로만 존재했다. 블랙홀에 대한 이론을 확립한 세기의 천재 아인슈타인조차도 블랙홀이 어떤 특수한 조건에서만 존재할 뿐 실제 우주에 존재한다고 확신하지 못할 정도였

*물질들이 중력에 의해 서로 끌어당겨져서 좁은 영역으로 모이게 되는 현상.

호킹과 펜로즈. ©University of Oxford

으니 말이다.

하지만 펜로즈는 아인슈타인이 죽은 지 10년 뒤에 직접 블랙홀이 실제로 형성될 수 있는지를 증명해냈다. 아인슈타인의 일반상대성이론을 바탕으로 공간의 모든 것을 빨아들이는 점이 수학적으로 가능함을 증명해 블랙홀의 존재를 입증한 것이다.

호킹이 아직 살아 있었다면 펜로즈와 함께 노벨물리학상의 또 다른 주인공이 됐을 것이다. 아마 우주 어딘가에서 자유롭게 유영하고 있을 호킹은 그의 노벨상 수상에 박수치고 있지 않을까.

라이벌과 같이 경쟁하고 나이를 뛰어넘는 우정을 보여준 호킹과 펜로즈. 이들은 우주 속에서 인간 삶의 진리를 깨달았다. 그리고 이들은 훗날 블랙홀이라는 신비한 존재를 직접 밝혀내 인류를 새로운 세계로 인도한 현인으로 기억될 것이다.

아쉽게도 블랙홀은 아직까진 알려진 사실보다는 밝히지 못한 미스터리가 훨씬 많은 천체다. 한편으론 그만큼 블랙홀의 매력을 새롭게 밝혀낼 수 있다는 뜻도 된다. 강한 중력을 지닌 블랙홀에 가까이 가면 다른 공간의 시간은 빠르게 흘러가버린다. 블랙홀은 이처럼 시간 여행의 관문이 될 여지를 지니고 있다는 점에서 더욱 이목을 끌고 있다. 우리가 블랙홀을 더 많이 알게 되는 어느 날, 정말 시간 여행의 해법이 생길지도 모르겠다.

호킹은 빛보다 빠른 우주선을 만들면 미래로, 양자물리학의 비밀이 밝혀지면 과거로 갈 수 있다고 했다. 한번 상상의 나래를 펼쳐보자. 자, 과거냐 미래냐! 어디로 갈까? 과거로 가면 현재가 달라질 것 같아서 미래로 가야할 것 같다. 그런데 미래로 가서 보면 또 지금 사는 게 재미없어지지 않을까? 이런 즐거운 고민을 하는 동안 타임머신이 만들어지기를 기대해본다.

오다가다 줍줍!

인류 최초의 블랙홀 관측

펜로즈와 호킹은 1965년 '펜로즈-호킹 블랙홀 특이점 정리'를 발표해 블랙홀의 존재를 예견했다. 그리고 이들의 예견은 54년 후 현실로 증명됐다. 지난 2019년 미국과 유럽, 일본의 연구팀으로 구성된 '사건의지평선망원경EHT·Event Horizon Telescope 국제 공동 연구진'이 블랙홀의 증거를 발견했다. '사건의지평선'이란 일반상대성이론 중 내부에서 일어난 사건이 외부에 영향을 줄 수 없는 경계면을 의미하며, 일반적으로 블랙홀을 지칭한다. 전파망원경인 사건의지평선망원경으로 EHT 연구진은 오랫동안 블랙홀을 관측하고자 글로벌 공동 연구진을 구성해 블랙홀 촬영을 진행해왔다.

이들은 마침내 인류 최초로 거대 은하 M87 중심부에 있는 블랙홀 관측에 성공했다. 6개 대륙 200여 명의 연구진이 참여해 8개의 거대 망원경으로 관측하며 이룬 성과였다. 연구진은 스페인, 미국, 남극, 칠레 등 세계 전역에 전파망원경을 설치하고 망원경을 동시에 사용해 하나의 망원경으로 촬영했다. 그 결과 바로 눈앞에 있는 것 같이 생생한 고화질의 블랙홀 사진을 얻을 수 있었다. 공개된 블랙홀은 지구에서 5,500만 광년이나 떨어진 거리에 있었는데, 사진을 보면 그 생김새가 마치 달걀의 노른자처럼 생겼다.

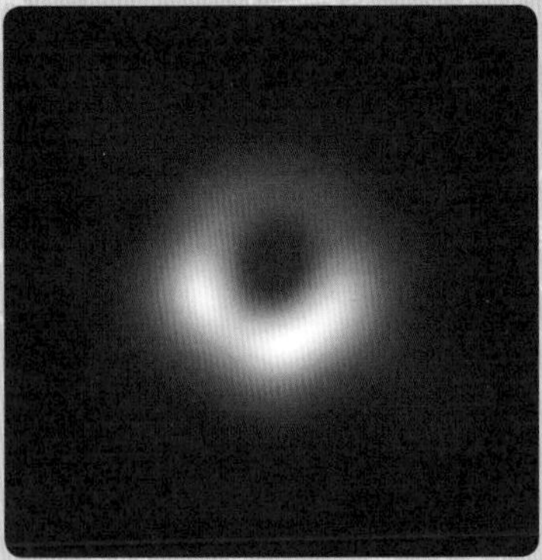
M87 은하의 초대질량 블랙홀 모습.

more info.

아차, 한발 늦은 비운의 천재들

조르주 르메트르 & 로버트 브라우트

138억 년 전 우주는 거대한 폭발 빅뱅big bang으로 생겨났다. 르메트르는 우주의 점진적 팽창론을 주장하며 '우주는 원시 원자들의 폭발로 시작됐다'는 현재의 빅뱅 우주론을 발표했지만, 당시 그의 이론은 받아들여지지 않았다. 1964년, 빅뱅의 우주 잔광인 우주배경방사선*이 발견되면서 비로소 빅뱅 우주론을 입증할 증거가 밝혀졌다. 그 성과로 노벨물리학상을 받을 수도 있었을 텐데 안타깝게도 한발 늦었다. 그는 임종을 앞두고 있었기 때문이다. 1964년, 힉스 보손Higgs boson**의 존재를 예측했던 브라우트도 노벨상을 받지 못했다. 그는 83세까지 살았지만 동료들보다는 짧게(?) 살았기에 아쉽게도 노벨상을 받지 못했다.

빅뱅 이론의 실질적 아버지, 조르주 르메트르

가늠조차 할 수 없는 광활한 우주. 우리가 속한 우주는 어떻게 만들어졌을까? 우주의 탄생은 어느 날 갑자기 일어났다. 이전에는 없었던

*우주에서 오거나 공기나 지각 등에 있는 자연방사성원소로부터 나오는 방사선.
**표준모형에서 대칭성을 설명하기 위해 정의된 입자.

조르주 르메트르(Georges Lemaitre), 1894~1966.

거대한 폭발로 생겨났다. 이것이 '빅뱅'이다.

1927년, 우주의 탄생론인 빅뱅 이론Big bang theory을 처음 제시했던 르메트르는 과학계와 종교계의 엄청난 저항에 직면했다. 그럴 수밖에 없었던 것이 세기의 천재 물리학자 아인슈타인은 우주는 팽창하지도 수축하지도 않는다고 주장했기 때문이다. 아인슈타인이 말한 우주론이 당시 주류였던 '정적 우주론'이었다. 우주는 예전부터 그대로 변함없이 있을 것이라는 이론이었다. 이쯤 되면 아인슈타인도 허점이 많아 보인다. 양자역학의 기틀이 되는 광자론을 확립하고도 양자의 확률 결정론은 부정하더니, 이번에는 자신이 만든 장방정식이 있는데도 '정적 우주론'을 주장하고 말이다. 천재 아인슈타인도 틀리는 모습을 보면 인간적이다.

반대로 러시아의 수학자 알렉산드르 프리드만Alexander Friedmann과 르메르트는 우주가 풍선처럼 팽창한다는 '동적 우주론'을 주장했다. 르메트르의 주장이 설득력을 얻은 것은 1929년에 미국의 천문학자 에드윈 허블Edwin Hubble이 은하들의 적색이동*을 조사한 끝에 멀리 떨어진 은하일수록 더 빠르게 멀어진다는 사실을 알아내면서부터다. 하지만 이 관측 증거로는 아직 빅뱅 이론을 완전히 밝힐 수 없었다.

그의 우주론이 지금의 빅뱅 이론으로 체계화되고 공식적으로 인정받기까지는 그 후 38년이 더 걸렸다. 빅뱅 이론을 뒷받침할 증거인 빅뱅의 전자기파, 우주배경복사가 1965년에 발견되었기 때문이다. 안타깝게도 르메르트는 임종을 앞두고 이 소식을 들었다.

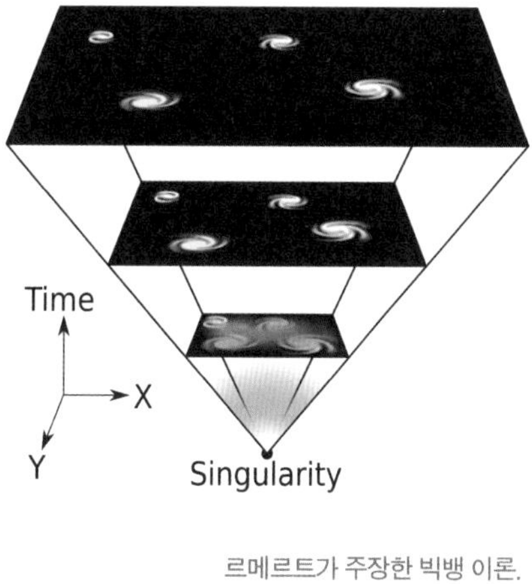

르메르트가 주장한 빅뱅 이론.

*천체 따위의 광원이 내는 빛의 스펙트럼이 파장이 긴 쪽으로 밀리게 되는 현상.

신의 입자 '힉스'를 발견한 로버트 브라우트

2013년, 노벨물리학상의 주역은 힉스입자를 발견한 피터 힉스Peter Higgs와 프랑수아 앙글레르François Englert, 그리고 브라우트였다. 1960년대 물리학자들은 우주의 존재를 설명하려면 모든 입자에 질량을 부여하는 입자가 존재해야 한다는 가설을 세웠다. 이들은 우주가 각각 6개의 중입자와 경입자, 5개의 보손(힘)으로 구성된다는 표준모형을 제시했다.

2012년까지 다른 12개 입자의 존재는 확인되었으나 힉스입자만은 발견되지 않았었다. 이론적으로만 존재하던 힉스입자는 스위스 유럽입자물리연구소CERN에서 거대 강입자가속기를 통해 힉스의 존재를 실제로 확인하면서 세상에 널리 알려졌다. 힉스입자는 '신의 입자'라 불리며 우주 탄생의 비밀을 풀 열쇠로 주목받았다.

로버트 브라우트(Robert Brout), 1928~2011.

브라우트는 1964년, 앙글레르와 함께 힉스 메커니즘의 논문을 발표하며 힉스입자의 존재를 이론상으로 밝혔다. 이들의 이론은 무려 50여 년 후 빛을 발했고, 그 공로를 인정받아 2013년, 노벨물

유럽입자물리연구소의 입자가속기. © CERN

리학상의 영예를 안았다.

하지만 힉스 메커니즘의 주역 브라우트는 이 기쁜 소식을 듣지 못했다. 그는 노벨상 수상자로 선정되었으나 수상 이전에 안타깝게 세상을 떠났기 때문이다. 노벨상을 받으려면 장수해야 한다는데, 그는 아쉽게도 자신의 이론이 실제로 입증되는 순간을 누리지 못하고 눈을 감은 것이다.

83세에 세상과 이별했으니 오래 산 편인데도 1929년생 힉스나 1932년생 앙글레르보다 먼저 사망해 노벨상을 받지 못했다. 그가 죽은 후 이듬해인 2012년에 발견된, 자신의 이론에서만 존재하던 힉스 보손을 보지도 못했다.

하루하루 치열하게 살아가는 인간들의 고민은 우주를 상상하는 순간 한없이 초라해진다. 끝을 알 수 없는 광대한 우주공간 속에서 인간의 존재는 너무나 작기 때문이다. 그래서 우주의 탄생을 궁금해할 때도 마찬가지로 한없이 작아지는 기분이 든다. 그렇지만 우주의 탄생은 인간이 어디에서 왔는지에 대한 근원적인 질문으로 직결되므로 우리는 끊임없이 질문을 던져야 한다.

우주의 탄생은 빅뱅으로부터 일어났지만 왜, 어떻게 일어났는지 아직 아무도 모른다. 다만 르메트르와 브라우트와 같이 일생을 바쳐 우주의 신비를 풀어나간 과학자들이 있었기에 우리는 우주의 탄생에 조금씩 가까이 접근해가고 있는 것이 아닐까.

오다가다 줍줍!

빅뱅 이론에 숨겨진 아인슈타인의 흑역사!

당시 학계에서는 하나의 점에서 대폭발이 일어나 우주가 탄생하고 지금도 계속 팽창하고 있다는 동적 우주론을 받아들이지 않았다. 여기에 아인슈타인 또한 정적 우주론을 주장하며 르메트르의 동적 우주론에 맞섰다.

하지만 빅뱅 이론은 결국 허블이 증명했고, 르메트르는 우주가 어떻게 생겨났는지에 대한 해답을 아인슈타인보다 먼저 찾았다. 그런데 사실 이 빅뱅 이론의 배경에는 아인슈타인의 공로가 숨어 있었다. 르메트르는 아인슈타인이 연구한 상대성이론의 중력장 방정식에서 빅뱅 이론의 실마리를 얻었기 때문이다.

아인슈타인은 〈일반상대성이론의 기초〉라는 논문을 발표하면서 중력장 속에서 일어나는 시공간의 휨 현상을 정확하게 밝혔다. 천재의 진가가 드러나는 순간이었다. 하지만 아인슈타인은 자신의 공식으로 틀린 답을 찾았고 르메르트의 동적 우주론에 반대하며 훗날 '이불킥' 하게 되는 흑역사를 만들었다. 이후 아인슈타인은 광양자이론으로 노벨상까지 받았지만, 정작 자신의 이론을 바탕으로 한 양자역학의 확률 결정론에는 반대했는데 이것이 그의 또다른 흑역사를 만들었다. 아인슈타인은 두 번이나 역사적인 발견을 하고서도 틀린 주장을 한 셈이다. 하지만 그의 이론은 결과론적으로 정답에 기여한 셈이어서 아이러니하게도 인류 역사상 가장 위대한 과학자가 되었다.

신분과 차별의 장벽을 넘어 최고로 우뚝 서다

마이클 패러데이 & 조지 워싱턴 카버

수학을 못하는데 물리학자가 될 수 있을까? 오늘날 '전자기학Electromagnetism*의 아버지'라고 불리는 패러데이는 불우한 환경에서 자라 제대로 교육을 받지 못해 수학 실력이 형편없었다. 하지만 전자기학과 전기화학 분야에 큰 공을 세워 당대 최고의 과학자로 이름을 날렸다. 카버는 노예로 태어나 경마용 말 한 마리 값에 팔리는 수모를 겪으면서도 현재 미국의 바이오 기반 제품과 에너지 생산에 기여한 선구자가 되었다. 멸시와 조롱을 이겨내고 당당히 최고의 자리에 올랐기에 더욱 빛나는 천재들이다.

수학을 몰랐던 가난한 과학자, 마이클 패러데이

과학자가 수학을 모른다고? 영국의 물리학자이자 화학자인 패러데이는 일명 '수알못(수학을 알지 못하는)' 과학자다. 수학을 모르는데 화학 공식은 어떻게 썼을까? 당연히 제대로 된 공식을 쓸 수도 없었다. 하

---

*전기와 자기 현상을 탐구하는 학문.

마이클 패러데이(Michael Faraday), 1791~1867.

지만 패러데이는 영국에서 가장 유명하고 존경받는 과학자 반열에 올랐다. 도대체 어떻게 그럴 수 있었을까?

패러데이는 자기에 의해 전류가 발생함을 발견했다. 그리고 전자기력, 전자기유도, 전기분해법칙 등 전자기학 연구에 평생을 투자했다. 전자기유도법칙에 관한 실험을 거듭한 결과 운동에너지를 전기에너지로 변환하는 최초의 발전기까지 발명할 수 있었다. 또한 화학과 전기를 결합해 전기분해 법칙을 만들었고 양극[anode], 음극[cathode], 양이온[cation], 음이온[anion], 전극[electrode]과 같은 전문용어들을 처음 학계에 도입했다. 영국 왕립과학연구소는 패러데이의 연구 공로를 인정해 초대 풀러 화학 석좌 교수직을 제안했다. 이 교수직은 패러데이가 초대 교수직에 오른 1833년부터 2022년까지 단 12명에게만 부여된 아주 명예로운 자리다.

패러데이는 가난한 대장장이의 아들로 태어나 정규 교육을 제대로 마치지 못했다. 집안 형편이 어려워 학교를 자퇴하고 13세의 어린 나이에 제본소에 취직해야 했다. 그가 수학을 잘하지 못했던 이유다. 이후 영국의 화학자 험프리 데이비Humphry Davy의 조수가 되어 힘겹게 과학계에 들어왔지만, 수학을 잘 몰라 냉대와 조롱을 받았다. 더 큰 문제는 기초적인 수학 지식이 없어 실험을 수식으로 증명할 수 없었다는 것이다. 하지만 그는 과학적 열정과 천재적인 재능으로 이 문제를 극복했다. 그는 자기 몸에 직접 실험을 하면서까지 수없이 많은 실험을 반복해 결과를 증명해냈다.

패러데이는 자신과 같이 어려운 처지의 아이들을 위해 대중 과학 강연에 앞장섰다. 그것은 그 유명한 패러데이 효과Faraday-effect*를 발견하는 업적으로 이어졌다. '수알못'이 '위대한 과학자'로 거듭나는 역사적인 순간이었다.

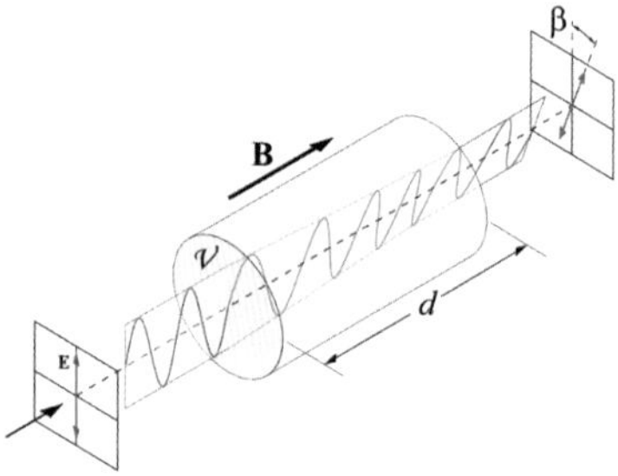

패러데이 효과를 나타내는 그림.

*물리학에서 자기장에 의해 빛의 편광면(진동면)이 회전하는 현상.

거대한 차별의 벽을 뛰어넘은 조지 워싱턴 카버

1941년, 〈뉴욕타임스〉는 표지 사진에 한 흑인의 얼굴을 실었다. 그는 농화학자인 카버였다. 1940년대 당시만 해도 인종차별은 사회 전반에 남아 있었다. 때문에 흑인은 아무리 재능이 있어도 인정받기 어려웠다. 그럼에도 〈뉴욕타임스〉 표지 모델에 흑인 과학자를 썼다는 사실은 인종차별의 고난을 넘어설 만큼 당시 그가 얼마나 영향력 있는 인물이었는지 보여주는 대목이다.

카버는 식물학, 화학, 세균학, 미술, 음악 등 다양한 학문에서 천재적인 재능을 보였다. 신문에서는 이런 그를 '검은 레오나르도 다빈치'라고 표현했다. 특히 그가 심혈을 기울인 것은 땅콩 농사였다. 왜 하필 많고 많은 분야 중 땅콩이었을까? 카버는 동료인 흑인들을 돕기 위해서 땅콩 재배 연구를 시작했다. 카버는 당시 미국 남부지역에서 면화 재배 때문에 질소가 없어져 황폐해진 땅을 재건할 방법으로 땅콩을 연구하기 시작했다.

조지 워싱턴 카버(George Washington Carver), 1864?~1943.

그는 흑인들이 척박한 땅에 농사를 제대로 짓지 못해 생활고에 시달리자 땅콩 농사를 지을 수 있도록 지원했다. 땅콩이 대풍년이 들자 이번에는 땅콩을 소비할 방법을 마련하기 위해 땅콩을 활용한 다양한 요리법과 땅콩 껍질로 만드는 실용품을 개발했다. 그의 노력은 미국 남부 경제를 살리는 데 큰 도움을 줬다.

카버가 수집한 땅콩의 표본.

훗날 카버는 과학자로서 큰 명성을 얻었지만, 명성을 듣고 찾아온 에디슨 연구소의 제의조차 거절하고 끝까지 흑인을 위해 헌신하는 삶을 살았다. 이는 시대적인 배경과 무관하지 않다. 카버는 노예 신분으로 태어났다. 미국은 남북전쟁이 끝나는 1865년까지 노예제도가 존재했다. 그가 태어난 즈음에는 한창 남북전쟁 중이어서 노예 상인의 약탈과 납치로 혼란스러웠다.

카버는 노예로 태어나 오랫동안 차별받으며 고통스러운 삶을 살았다. 그는 글을 배우지 않고도 책을 읽을 수 있을 정도로 영특했지만 흑인이라는 이유로 학교에 다니지 못했다. 노예제도가 폐지된 후에야 양아버지의 도움을 받아 고등교육을 받으면서 과학자의 꿈에 한걸음 가까이 다가갈 수 있었다.

패러데이와 카버는 극복하기 힘겨운 신분적 한계와 인종차별로 제대로 교육을 받지 못했음에도 당당히 최고의 자리에 섰다. 타고난 천재적인 재능 못지않게 역경을 이겨내는 노력과 과학을 향한 열정이 있었기에 가능했던 일이다.

이들의 공통점은 타인을 돕는 삶을 선택했다는 것이다. 귀족의 전유물이었던 과학을 아이들과 보통 사람들에게 쉽게 알려주기 위해 대중과학강연을 기획한 패러데이와, 배고픈 동료들을 위해 자신의 재능을 기꺼이 바친 카버는 작은 일에도 쉽게 좌절하고 포기하는 현대인에게 귀감이 될 만한 진정한 위인이다.

오다가다 줍줍!

영국에서 크리스마스에 과학강연을 하는 이유

영국에서는 전통적으로 크리스마스에 과학강연을 한다. 이 전통을 만든 사람이 패러데이인데, 그가 속한 영국 왕립연구소는 1825년부터 크리스마스에 어린이와 청소년을 위한 과학강연을 운영하고 있다. 초등 과정 정도의 교육밖에 받지 못했던 패러데이가 큰 업적을 이룰 수 있었던 것은 과학에 대한 그의 열정 덕분이었고, 그 열정에 불을 지펴준 것은 공짜로 선물 받았던 과학강연 티켓이었다. 그래서 그는 과학의 문턱을 낮춰 쉽고 흥미로운 주제로 어린이와 청소년이 관심 있을 만한 내용의 과학강연을 기획했다. 그리고 19년 동안 바쁜 일정 속에서도 직접 강연에 참석해 과학실험을 선보였다. 이후 크리스마스 과학강연에는 천문학자 칼 세이건과 진화생물학자 리처드 도킨스Richard Dawkins 등 저명한 과학자들이 강연자로 나서기도 했다.

영국에서 수많은 노벨상 수상자를 배출한 것도 아이들이 패러데이의 크리스마스 과학강연을 보며 어려서부터 과학을 쉽고 재미있게 받아들인 덕분이 아닐까?

인간의 최고 욕망 '노화 시계'를 늦춰라

엘리자베스 블랙번 & 캐럴 그라이더

어떻게 하면 오래오래 건강하게 살 수 있을까? 인간은 지금도 끊임없이 생로병사에 도전장을 던지고 있다. 유전자 기술로 인간의 출생에 관여하고, 안티에이징[anti-aging]기술로 노화를 최대한 늦추고자 하며, 각종 질병에서 벗어날 치료법을 개발하고 있다. 또 최후에는 과학기술로 영원히 죽지 않는 삶에 도달하기를 꿈꾸고 있다. 블랙번과 그라이더는 바로 그 늙지 않는 욕망을 실현해줄 존재를 연구해 세포의 노화 메커니즘을 규명했다. 이들이 찾아낸 인체의 노화 시계를 멈출 구원 투수는 염색체 끝에 있는 DNA 조각 텔로미어[telomere*]다.

노화의 비밀을 밝힌 엘리자베스 블랙번

인간은 예로부터 죽지 않는 불사[不死]의 삶을 꿈꿨다. 중국 진나라 시황제는 마치 자신이 하늘에서 내려온 양 인간의 죽음에 관여하고자 했다. 영생을 살 수 있다는 온갖 비법을 모은 것이다. 그가 사주한 수많은

*반복적인 염기 서열이 있는 DNA 조각으로 진핵생물 염색체 말단에 존재.

엘리자베스 블랙번(Elizabeth Blackburn), 1948~.

도인이 가짜로 약을 팔다 시 황제의 원한을 샀고 결국 애꿎은 책과 유생들을 불태우고 마는 분서갱유* 사태를 일으켰다.

인도 카필라 국의 왕자 고타마 싯다르타도 생로병사의 비밀을 알기 위해 일생을 바쳤다. 그는 '사람은 왜 태어나 늙고, 병들어 죽는가'에 대한 해답을 찾고 싶어 고행을 자처했다. 하지만 그 또한 늙어 죽는 문제

*중국의 진시황이 민간의 서적을 불사르고 수많은 유생을 구덩이에 묻어 죽인 일.

에서 온전히 벗어날 수 없었다. 즉 생로병사는 인간의 힘으로 조절할 수 없다는 뜻이다. 그런데 이 문제의 실마리에 성큼 다가간 과학자들이 있다. 바로 블랙번과 그라이더다.

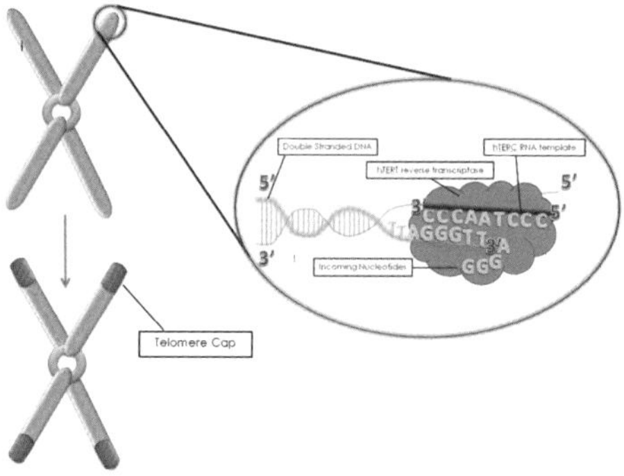

염색체 말단을 보호하는 텔로미어(왼쪽 빨간 부분).

미국 존스홉킨스 대학교의 교수였던 블랙번은 오랫동안 테트라히메나Tetrahymena라는 작은 원생동물*의 DNA를 연구하고 있었다. 우리가 흔히 무식하다고 놀릴 때 '아메바'같다고 하는데, 비록 이름이 길고 어렵지만 테트라히메나도 바로 그 아메바와 같은 종류다.

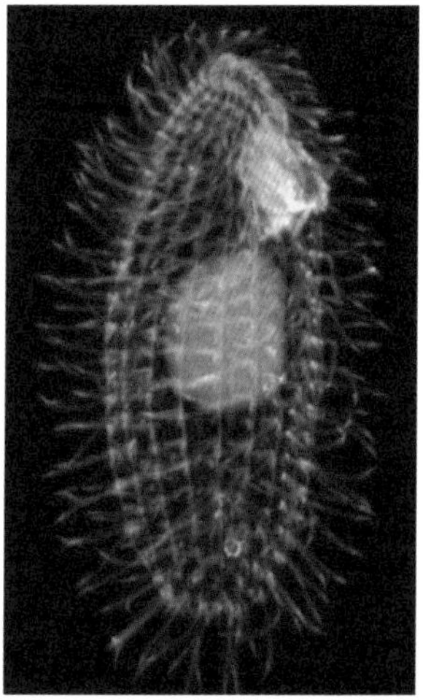
블랙번 교수가 연구한 작은 원충류 테트라히메나.

블랙번은 테트라히메나의 텔로미어를 분석하다 염기서열이 매우 독특하다는 사실을 발견했다. 생물은 탄생과 함께 수많은 세포의 분열이 시작된다. 세포가 분열하면서 염색체 말단의 염기서열인 텔로미어는 길이가 점차 짧아진다. 텔로미어는 염색체 말단의 손상을 막고 근접 염색체와의 융합에서

*운동성을 가진 단세포 동물.

보호하는 역할을 한다. 그런데 이 텔로미어가 짧아지면 염색체 맨 끝에 있는 DNA부터 노출된다. 그는 세포가 이 상태에 진입하면 더 이상 분열하지 않는다는 놀라운 사실을 발견했다.

블랙번은 텔로미어의 길이가 일정 수준 짧아지면 염색체가 제대로 복제되지 못하고 세포도 분열을 멈추며 노화가 시작됨을 밝혀냈다. 이를 두고 텔로미어가 "마치 운동화 끈 끝에 달린 보호용 플라스틱과 같다"라고 말했다. 플라스틱 조각이 신발 끈을 보호하듯 텔로미어도 염색체를 보호해주는 역할을 하고 있었던 것이다.

텔로미어를 합성하는 단백질 효소를 밝힌 캐럴 그라이더

블랙번의 놀라운 발견 이후에도 풀리지 않는 궁금증은 남아 있었다. '텔로미어 DNA는 어떻게 형성되며 세포가 분열할 때마다 왜 짧아지지 않는가'에 대한 의문이었다. 존스홉킨스 대학교 그라이더 교수는 박사과정 시절 자신의 지도교수였던 블랙번과 함께 해답을 찾았다. 바로 텔로미어 DNA를 만들어내는 효소를 발견한 것이다.

그라이더는 인공적으로 합성한 텔로미어에 세포 추출물을 넣어 텔로미어가 추가로 합성되는 것을 밝혀냈다. 그가 찾아낸 신비의 물질은 바로 텔로머라아제[telomerase] 혹은 텔로머레이스[telomerase]라고 불리는 단백질 효소였다. 그는 실험을 통해 텔로미어의 반복 염기서열 구조를 신장하는 새로운 효소를 발견하고 '텔로머레이스(말단소립 복제효소)'라 명했다. 이 효소 덕분에 세포가 분열해도 텔로미어의 길이를 유지할 수 있다.

캐럴 그라이더(Carol Greider), 1961~.

그렇다면 텔로머라아제가 현대인의 불로초가 될 수도 있지 않을까? 텔로미어의 길이에 따라 세포분열이 어떻게 이뤄지는지 알아내면서 텔로미어는 인체의 노화를 지연하거나 젊은 상태로 되돌리는 개념인 '안티에이징'의 가능성 때문에 주목받기 시작했다. 만약 화장품으로 상용화가 된다면 전 세계 홈쇼핑 채널은 텔로머라아제가 포함된 뷰티 제품으로 도배될 것이다.

화장품뿐만이 아니다. 텔로머라아제를 이용해 세포를 계속 분열하게 할 수만 있다면 노화를 막고 질병 없이 장수하는 신약도 만들 수 있지 않을까? 그렇게만 된다면 제약사는 쏟아지는 돈벼락에 정신없을 것이다. 늙지 않고 젊음을 유지할 수 있다니 생각만 해도 흥분된다.

그러나 아쉽게도 그런 신약 소식은 아직까지 들리지 않고 있다. 사실 세포가 늙지 않고 계속 분열하면 오히려 암세포가 된다. 텔로미어의 길이가 비상식적으로 길어지면 암을 유발하는 원인이 된다. 진시황이 죽는 순간까지 찾아 헤맨 불로초는 여전히 시기상조인가 보다.

그래도 이런 연구를 통해 거의 모든 암세포에 텔로머라아제가 활성화되어 있으며 분열을 멈추지 않는다는 사실이 밝혀지면서 텔로머라아제로 암을 치료할 수 있다는 또 다른 길이 열렸다. 즉 암세포의 텔로머라아제 기능을 억제하거나 텔로미어의 DNA를 제거하면 암세포의 세포분열을 막아 암을 치료할 수 있다.

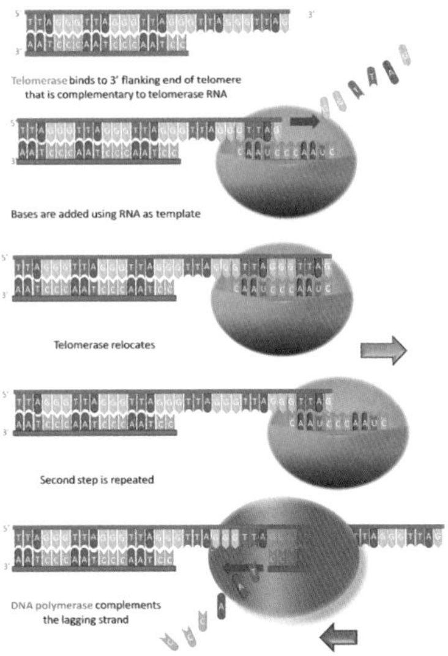

텔로머라아제, 텔로머레이스.

노화방지 신약은 아직 개발되지 않았지만, 노화를 늦출 수 있는 방법이 있다. 블랙번은 스트레스를 피하고 풍부한 인간관계를 유지하면 텔로미어의 길이도 유지된다는 사실을 알아냈다. 늘 우리가 잘 알지만 실천하기는 어려운 건강 상식이 텔로미어에도 적용된다. 다소 뻔한 이야기겠지만 블랙번이 이야기하는 불로장생의 비결을 실천하는 습관, 다 같이 길러보는 것도 좋겠다.

오다가다 줍줍!

블랙번이 전하는 불로장생 비결

① 과도한 스트레스를 피한다. 역시 스트레스는 만병의 원인!

② 풍부한 인간관계를 유지한다. 적당한 인간관계는 삶의 의지를 가져다준다.

③ 깊은 심호흡과 명상을 실천한다. 하루 중 TV, 스마트폰을 끄고 자신에게만 집중하는 시간을 마련해보자.

④ 1주일에 3번 하루 45분 심혈관에 도움이 되는 운동을 꾸준히 한다. 식후 산책이 특히 좋다.

⑤ 7시간 정도의 충분한 수면을 취한다. 5시간 미만의 수면은 매우 좋지 않다.

⑥ 지방이 적고 양질의 단백질이 많은 음식, 오메가3가 함유된 세포에 좋은 음식을 먹는다. 햄과 같은 가공육과 과당 음료는 반대로 텔로미어의 길이를 짧게 만드는 요인이다.

일생을 바쳐 당뇨병의 비밀을 밝혀내다

프레더릭 생어 & 도로시 호지킨

생어는 생전에 노벨상을 두 번이나 받은 천재였다. 그는 인슐린insulin* 구조 연구로 1958년, 40세의 젊은 나이에 노벨화학상을 받았다. 1980년에는 유전자의 기본구조와 기능을 연구한 공로로 두 번째 노벨화학상을 받았다. 반면 호지킨은 24세에 인슐린 연구를 시작해 35년 만에 인슐린의 3차원 입체구조를 밝혔다. 그는 생체 분자구조 연구로 1964년에 노벨화학상을 받았다. 성별도 활동 시기도 다르지만 두 사람은 당뇨병의 비밀을 풀기 위해 일생을 바쳤다는 공통점이 있다. 그리고 이들의 성과는 인류의 당뇨병 역사를 새로 쓸 정도로 대단했다.

인슐린 아미노산 서열을 밝힌 프레더릭 생어

한국인의 소울 푸드하면 뭐니 뭐니해도 삼겹살이다. 여기에 치킨과 떡볶이, 튀김도 빠질 수 없다. 하지만 이렇게 기름진 음식을 먹다 보면 비만은 물론 고혈압, 고지혈증, 당뇨병 등 3종 성인병에 걸릴 확률도 높

*이자에서 분비되어 우리 몸의 물질대사에 중요한 역할을 하는 단백질성 호르몬의 일종.

프레데릭 생어(Frederick Sanger), 1918~2013.

다. 그중 당뇨병은 심근경색, 뇌졸중 등 심각한 합병증으로 사람의 목숨을 위협하는 무서운 녀석이다. 때문에 당뇨병의 원인과 치료법을 밝히는 것은 인류의 숙원이었다. 그것을 푼 사람이 바로 생어다. 그가 인슐린의 아미노산 서열을 밝혀 구조를 알아내면서 당뇨병 치료에 획기적인 발전을 이룰 수 있었다.

생어가 첫 번째 노벨화학상을 수상한 것은 단백질 서열을 최초로 해석한 공로를 인정받았기 때문이다. 그가 최초로 해석한 단백질은 바로

'인슐린'이다. 인슐린은 음식이 몸에 들어오면 당을 흡수해 혈당을 낮춘다. 인슐린이 제대로 기능하지 못하면 당뇨병에 걸릴 가능성이 크다. 지금은 쉽게 인슐린으로 치료받을 수 있지만, 인슐린이 대량 생산되기 전에는 많은 사람이 신체 일부를 절단하거나 목숨을 잃었을 정도로 치명적이었다.

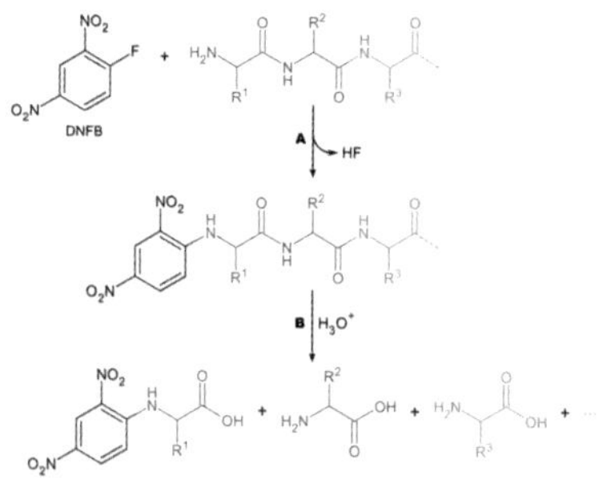

생어의 펩타이드 최종 그룹 분석 모형.

생어는 1955년, 생어법[Sanger's method]을 사용해 소의 인슐린 구조를 알아냈다. 소 인슐린은 사람 인슐린의 아미노산 구조와 48개는 같고 3개가 다르다. 과거에는 소나 돼지 등 동물의 인슐린을 사용했지만, 동물의 인슐린은 사람의 인슐린과 아미노산 구조가 달라 부작용이 있었다. 이에 생어가 인슐린의 아미노산 서열을 규명하면서 1978년, 유전자 재조합 방식을 이용한 인간 인슐린[human insulin]이 개발되었다. 덕분에 이전에 쓰던 동물 인슐린의 부작용을 해결할 수 있었다.

생어는 단백질에 이어 DNA 연구도 도전했다. 그는 DNA의 구조를 이루는 A(아데닌), T(티민), G(구아닌), C(시토신) 4종의 염기서열을 읽는 기술을 개발하며 두 번째 노벨화학상을 거머쥐었다. DNA의 염기서열을 해독해 인간게놈프로젝트[人間Genom project*]를 가능케 한 그의 업적은 오늘날 첨단 생물학, 현대화학, 유전공학 발전의 귀중한 토대가 되었다.

*한 생명체의 모든 유전정보를 가진 게놈을 해독해 유전자 지도를 작성하고 유전자 배열을 분석하는 연구 작업.

35년 만에 인슐린 연구를 완성한 도로시 호지킨

인슐린의 1차 구조인 아미노산 서열을 규명한 이가 생어라면 호지킨은 인슐린의 3차 구조, 즉 입체구조를 규명했다. 호지킨은 엑스선결정학을 통해 인슐린의 구조를 분석했다.

호지킨과 인슐린과의 인연은 1934년으로 거슬러 올라간다. 당시 24세였던 호지킨은 엑스선회절X-ray Diffraction영상으로 인슐린 결정 촬영에 성공했다. 하지만 인슐린의 구조를 풀어내기엔 당시 기술로는 쉽지 않았다. 호지킨은 인슐린 연구의 연장선으로 콜레스테롤의 구조를 찾는 일에 열중했다. 그것은 페니실린 연구로 이어졌고, 이후 엑스선 분광기를 사용해 100여 개의 원자로 이루어진 비타민 B_{12}의 분자구조를 밝혀냈다. 호지킨은 이러한 공로를 인정받아 1964년, 노벨화학상 수상자에 이름을 올렸다.

도로시 호지킨(Dorothy Hodgkin), 1910~1994.

노벨상 수상 후 호지킨은 영국 옥스퍼드 대학교로 돌아와 인슐린 연구를 이어갔다. 당시

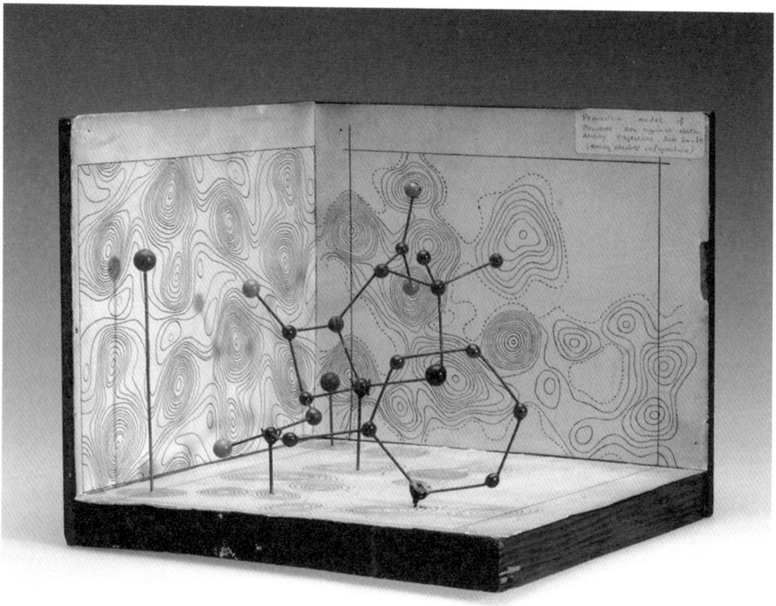

호지킨의 페니실린 단백질 모형.

그는 젊었을 때부터 수없이 반복한 실험으로 심한 류머티즘 관절염을 앓고 있었는데, 엑스선 기계 스위치를 작동하기 어려울 만큼 손이 망가졌다. 하지만 호지킨은 젊은 시절 인슐린의 구조를 알아내고자 했던 꿈을 포기하지 않았다. 결국 1969년에 엑스선 사진 위 7만여 개의 반점을 분석해 인슐린의 입체구조를 완벽하게 규명했다. 24세에 밝히고자 했던 인슐린 분자구조를 35년 만에 완성한 것이었다.

생어와 호지킨은 화학적 인슐린 합성을 비롯한 당뇨병 치료제 개발에 크게 기여했다. 일생을 건 두 과학자의 끈질긴 연구 덕분에 오늘날 단백질을 비롯한 수많은 종류의 생체고분자* 연구가 발전할 수 있었다.

나이 든 사람들의 질환으로 인식했던 당뇨병이 최근에는 젊은이들도 많이 걸리는 추세다. 스트레스와 기름진 식습관, 운동 부족이 그 원인이다. 그나마 치료 방법과 약이 개발되어 과거에 비해 당뇨병이 그렇게까지 치명적이지 않아 다행이다. 아직까지 인류가 당뇨병을 정복하지는 못했지만 이 두 생화학자의 노력이 없었다면 우리는 당뇨병으로 더 많은 어려움을 겪어야 했을 것이다. 현대의 우리가 생소한 이들의 이름을 기억해야 하는 이유다.

*단백질, 핵산, 다당류 등 생체를 구성하는 고분자화합물을 통틀어 이르는 말.

오다가다 줍줍!

호지킨의 굽은 손가락

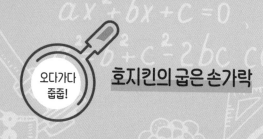

호지킨은 젊은 시절 엑스선결정학에 대한 책을 읽고 엑스선결정학의 잠재력에 크게 빠져들었다. 그는 1936년부터 1977년까지 옥스퍼드 대학교수로 근무하며 엑스선결정학으로 페니실린 분자구조 모델을 구현하기 위해 노력했다. 하지만 안타깝게도 호지킨은 엑스선결정학 때문에 결국 손가락에 장애가 생겼다.

호지킨은 수없이 반복한 실험으로 손가락에 심한 류머티즘 관절염을 앓았다. 그의 손가락은 류머티즘 관절염 말기의 관절 변형으로 굽어서 더 이상 펴지지 않았다. 관절은 변형이 생기기 전에 적극적으로 치료해야 병의 진행을 막을 수 있다. 하지만 호지킨은 손가락을 치료하는 것보다 인슐린의 분자구조를 밝히는 데 열중했다. 그렇게 그가 밝혀낸 인슐린 분자구조는 손가락을 포기하면서 이뤄낸 땀과 눈물의 산물인 것이다.

호지킨이 관절 변형이 일어나 굽은 손가락으로
인슐린의 분자구조 사진을 들고 있다.

behind story

실패를 두려워하지 않았던 딥러닝의 대가들

제프리 힌턴 & 요슈아 벤지오

인공지능은 '인간의 지적 능력을 컴퓨터로 구현하는 기술'이다. 최근 과학계의 화두가 된 인공지능은 사실 1956년, AI라는 용어가 처음으로 등장한 이후부터 오랫동안 연구되었다. 하지만 만족할 만한 '인간을 닮은 컴퓨터'가 나오지 않았었다. 오랜 침체기를 거치면서 인공지능 연구는 딥러닝[Deep Learning*]이라는 기계 학습법으로 새로운 전환점을 맞이했다. 인공지능 바둑 프로그램 알파고[AlphaGo]가 바로 이 딥러닝을 사용한 것이다. 알파고가 탄생하게 된 데에는 많은 이의 노력이 있었는데, 그들 중 힌턴과 벤지오를 빠뜨릴 수 없다.

거듭된 실패 끝에 성공한 딥러닝의 대가, 제프리 힌턴

"이번에는 진짜로 만들었다!" 딥러닝의 대가 힌턴의 인공지능 개발 역사는 사실 '거짓말의 역사'라고도 할 수 있다. 그는 수없이 많은 인공지능 딥러닝 모델을 만들었는데 야속하게도 그때마다 실패했기 때문이다.

*기계가 인간의 뇌가 학습하는 것처럼 학습하는 방식.

제프리 힌턴(Geoffrey Hinton), 1947~.

그가 "진짜 인공지능을 만들었다"라고 공개할 때마다 기대에 찼던 사람들은 수십 년이 지나도 발전이 없는 모습에 하나둘 서서히 등을 돌렸다. 그래도 힌턴은 결국 '진짜'로 해냈다. 마침내 알파고와 같은 요즘 인공지능의 기반이 된 '딥러닝'을 개발한 것이다.

인간은 뇌 신경세포(뉴런)를 통해 스스로 사고하고 유추하고 학습한다. 인간의 뇌는 약 1천억 개의 뉴런으로 구성되어 유기적으로 작동한다. 뉴런은 짧은 전기자극을 만들어 다른 뉴런에 전달한다. 과학자들은

AI도 인간 뇌가 작동하는 원리처럼 구현되길 원했다. 그래서 나온 것이 인공신경망ANN, Artificial Neural Network 연구였다.

브리티시 콜롬비아 대학교에서 딥러닝 강의를 하고 있는 힌턴.

딥러닝도 인공신경망 모델에서 출발했다. 힌턴은 기존 인공신경망 연구의 단점을 보완해 현재의 딥러닝 방식을 제시했다. 딥러닝을 거치면 컴퓨터는 분류 기준 없이 정보를 입력해도 알아서 비슷한 집합끼리 묶고 상하관계를 파악했다. 기계가 인간 뇌의 뉴런처럼 서로 정보를 주고받으며 스스로 학습하게 된 것이다.

하지만 힌턴은 30년간 실패를 거듭하며 하마터면 잊힐 뻔했었다. 오랜 연구 끝에 발표한 AI 기술들이 매번 '인간을 닮지 않았기' 때문이었다. 힌턴이 처음 인간의 뇌를 닮은 컴퓨터를 만들었다고 발표한 시기는 1983년이지만 그가 개발한 첫 알고리즘algorism* 은 그다지 쓸모가 없었다. 그 후 1986년에 다시 공개한 알고리즘도 마찬가지였고 1993년, 2000년도에도 마찬가지였다.

*어떤 문제의 해결을 위해, 입력된 자료를 토대로 원하는 출력을 유도해내는 규칙의 집합.

그의 성과는 2006년에야 비로소 빛을 보기 시작했다. 그는 제한된 볼츠만 머신[Restricted Boltzmann Machine, RBM]으로 인공신경망의 고질적인 문제를 해결했다. 이후 연구팀과 함께 개발을 거듭한 결과 2012년, 세계 이미지넷 대회[ILSVRC]에서 공개한 합성곱 신경망[CNN]인 알렉스넷[Alexnet] 모델로 승승장구하며 '딥러닝의 아버지'로 불리게 되었다. 신이 인간을 자신의 형상대로 만들었다고 하듯, 드디어 인간도 자신을 닮은 기계의 뇌를 만들게 된 것이다.

또 다른 AI 천왕, 요슈아 벤지오

힌턴이 딥러닝의 아버지라면 벤지오는 어린 나이에 딥러닝을 완성한 천재다. 그는 딥러닝에 중요한 기반 알고리즘의 한계를 수학적으로 증명했다. 벤지오는 1985년, 힌턴의 논문을 보고 인공신경망 연구에 빠져들기 시작했다. 1943년부터 시작된 인공신경망 연구는 여러 층으로 구성된 신경망을 학습시키는 데에서 난항을 겪었다. 더욱이 신경망 분야는 두 번의 AI 암흑기를 거치며 연구자들에게 관심이 사라진 분야였다. 때문에 논문을 써도 거절당하기 일쑤였다. 하지만 그는 자신이 가는 방향이 옳다고 생각하고 주변을 설득하며 연구를 이어나갔다.

그 결과 벤지오는 강력한 딥러닝 인공지능 알고리즘인 생성적 적대 신경망[Generative Adversarial Nets, GAN] 알고리즘을 개발했다. 최근에는 차세대 음

요슈아 벤지오(Yoshua Bengio), 1964~.

성인식 성능 혁신을 위한 신경망 네트워크Neural Network 설계 및 학습 알고리즘 개발을 진두지휘하며 이 분야의 최고 권위자로 등극했다.

인간은 인간의 뇌를 모방해 새로운 인공지능을 창조해냈다. 인류는 이들이 개발한 딥러닝을 통해 한 차원 더 높은 문명의 진화를 경험하게 될 것이다. 그런데 한가지 문제가 있다. 이 딥러닝의 끝을 아무도 예측할 수가 없다. 작동이 잘되기는 하는데 어떻게 작동되는지는 모르기 때문이다. 앞으로 인류에게 딥러닝으로 촉발되어 발전하는 인공지능이 프로메테우스가 준 불처럼 이로운 존재가 될지 그리스신화 속 판도라 상자처럼 108번뇌가 쏟아져 나오는 요물이 될지는 아직 알 수 없다.

어떤 존재가 되든 간에 인공지능의 성장을 막을 수도 없다. 과학은 흐르는 강물과 같아서 인류를 과학 이전으로 다시 돌아오지 못하게 한다. 그저 과학은 도도한 강물처럼 계속 흐르며 발전할 것이다. 다만 이제까지 과학의 진보가 그러했듯이 인공지능의 발달이 인류에게 도움이 되길, 그리고 인류가 풀지 못하는 난제를 인공지능이 해결해주길 희망할 뿐이다.

왼쪽부터 3번째 힌턴, 4번째 벤지오.

오다가다 줍줍!

세기의 대결 알파고 vs 이세돌 9단

인공지능은 2016년, 이세돌 9단과 AI '알파고'의 대결로 대중에게 크게 알려졌다. 체스나 포커 등 사람과 기계의 대결에서 기계가 승리한 적은 종종 있었지만, 그래도 바둑은 예외라고 여겼다. 바둑에서 나올 수 있는 경우의 수는 10의 170제곱으로 이는 우주 전체의 원자 수보다 많다. 컴퓨터가 처리할 수 있는 연산 범위를 넘어섰다고 생각되어 기계의 연산으로는 불가능하지 않을까 하고 짐작했던 것이다.

결과는 놀라웠다. 스스로 학습하는 알파고는 개발자들도 알지 못한 알고리즘으로 이세돌 9단을 연달아 이겼다. 물론 이세돌 9단도 일명 '신의 한 수'로 알파고의 실수와 버그를 끌어내며 다섯 판 중 한 판을 귀중한 승리로 가져왔다. 이는 바둑에서 인간이 인공지능을 이긴 유일한 사례다. 인공지능이 인간 지능을 능가하는 '강인공지능'의 탄생 또한 가능하다고 판단하게 된 세기의 대결이었다.

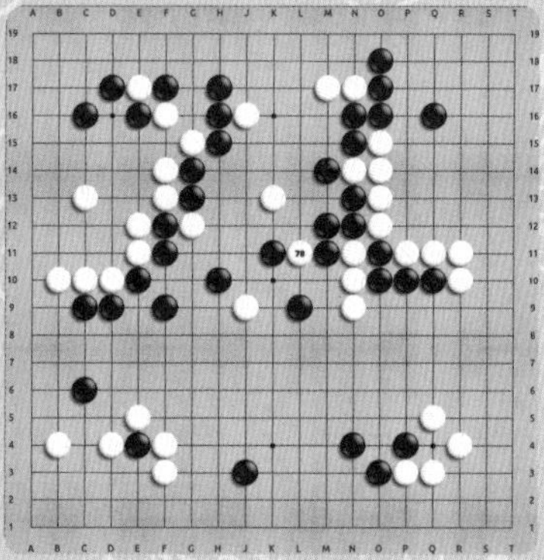

결정적 승리를 이끈
이세돌 9단의 신의 한 수인 78수.

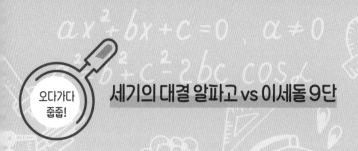

CHAPTER 4

도전과 모험의 천재

요하네스 케플러 & 튀코 브라헤

토머스 에디슨 & 니콜라 테슬라

일론 머스크 & 제프 베이조스

찰스 배비지 & 에이다 러브레이스

세르게이 코롤료프 & 베르너 폰 브라운

파울 크뤼천 & 셔우드 롤런드 & 마리오 몰리나

데니스 리치 & 켄 톰프슨

라이트 형제 & 새뮤얼 랭글리

프리드쇼프 난센 & 로알 아문센

별들의 움직임을 따라간 위대한 거인들

요하네스 케플러 & 튀코 브라헤

케플러는 행성의 3가지 원리를 발견하며 '천체역학의 창시자'라는 명성을 얻었다. 그는 지구와 다른 행성이 태양을 중심으로 타원궤도로 그리면서 공전한다는 사실을 밝혀내며 천동설*과 지동설** 논란에 역사적인 종지부를 찍었다. 이러한 케플러의 역사적인 업적 뒤에는 또 다른 천재가 있었다. 바로 그의 스승이었던 브라헤다.

지동설을 증명한 요하네스 케플러

"그래도 지구는 돈다"라는 유명한 어록을 남긴 세기의 천재 갈릴레오 갈릴레이. 그는 천동설이 대세였던 중세시대에 지동설을 주장했다. 시대적 강압에 두려워 끝까지 지동설을 주장하지 못하고 법정을 나서며 소심하게 지구가 돈다고 중얼거렸다는 일화는 유명하다. 이러한 고비를 넘고 지동설이 세간에 당연시되기까지 갈릴레이를 비롯한 여러

*지구는 움직이지 않으며 태양을 비롯한 모든 행성이 지구를 중심으로 돈다는 고대 우주론.
**태양을 중심으로 지구와 그 밖의 행성들이 타원으로 공전한다는 현대 우주론.

요하네스 케플러(Johannes Kepler), 1571~1630.

천재 과학자의 노력이 숨어 있다.

14세기 니콜라우스 코페르니쿠스Nicolaus Copernicus는 "지구가 태양의 주위를 돌고 있다"라고 주장했다. 코페르니쿠스가 죽은 후 지동설을 이어받은 과학자는 갈릴레이다. 하지만 고대 천문학자들에게 지구가 공전한다는 사실은 받아들여지지 않았다. 그 당시엔 아리스토텔레스Aristoteles가 제시한 '지구를 중심으로 천체가 원의 궤적으로 공전한다'는 천동설이 과학계와 종교계를 지배했기 때문이다.

코페르니쿠스를 시작으로 갈릴레이가 지구를 포함한 천체의 운동이 태양을 중심으로 이뤄지고 지구도 태양을 도는 천체의 일부라며 지동설을 주장했지만, 갈릴레이조차도 당시 천동설을 꺾을 수 없었다. 만약 케플러가 없었다면 천동설과 지동설 논란은 그 이후로도 오랫동안 계속되었을 것이다.

케플러는 코페르니쿠스가 죽은 뒤 그의 우주론의 오차를 증명했다. 1609년, 그는 지구가 태양을 공전하고 행성 천체의 궤도가 타원형을 그린다는 케플러의 법칙Kepler's laws*을 발표했다. 제1법칙은 '행성들은 태양을 한 초점으로 타원형의 궤도를 그리며 공전한다'이고, 제2법칙은 '면적 속도 일정 법칙', 제3법칙은 '조화의 법칙'이다. 이는 나중에 후대 천문학의 체계를 다지고 뉴턴이 중력 법칙을 확립하는 기반이 되었다. 1604년에는 새로운 초신성超新星**을 발견해 그의 이름이 붙기도 했다.

케플러의 명성은 지금까지도 이어지고 있다. 미항공우주국은 그의 위대한 업적을 기리며 케플러의 이름을 딴 '케플러 우주망원경'을 2009년도에 발사해 태양계 밖에 있는 행성을 조사하고 있다. 그 목적은 지구와 유사한 환경의 행성을 찾는 것이다. 케플러는 더 이상 세상에 없지만 여전히 그의 눈은 우주에서 대활약을 하고 있는 셈이다.

---

*케플러가 브라헤의 행성 관측 자료를 분석해 유도한 행성의 운동에 대한 3가지 법칙.

**항성 진화의 마지막 단계에 이른 별이 폭발하면서 순간적으로 엄청난 에너지를 방출하는 현상.

맨눈으로 천체를 관측한 튀코 브라헤

우주의 수많은 행성이 쏟아내는 별빛은 인간을 겸허하게 한다. 망원경 성능의 발전에 힘입어 천문학이 발달한 덕분에 인류는 이제 지구와 수백 광년 떨어진 행성도 찾아낼 수 있다. 하지만 망원경이 없었던 수백 년 전부터 수많은 행성의 존재를 입증한 위대한 천문학자가 있었다. 오직 눈으로만 행성을 관측한 학자다. 바로 케플러의 스승 브라헤다.

브라헤는 30년 동안 무려 1천 개가 넘는 별과 행성의 운동을 관측해 기록을 남긴 천문학자이자 점성술사다. 케플러의 위대한 발견 뒤에는 브라헤의 공로가 숨어 있었다. 그는 1572년, 인류 최초로 초신성을 발견했다. 천체망원경이 없던 16세기 당시 눈으로만 천체를 관측하며 놀라운 업적을 남겼다.

튀코 브라헤(Tycho Brahe), 1546~1601.

브라헤의 시력은 보통 사람과 차원이 달랐다고 전해진다. 일반인이 수 킬로미터를 볼 수 있다면, 브라헤는 수십 킬로미터 멀리까지 볼 수 있었다고 한다. 그래서일까 그의 별 사랑은

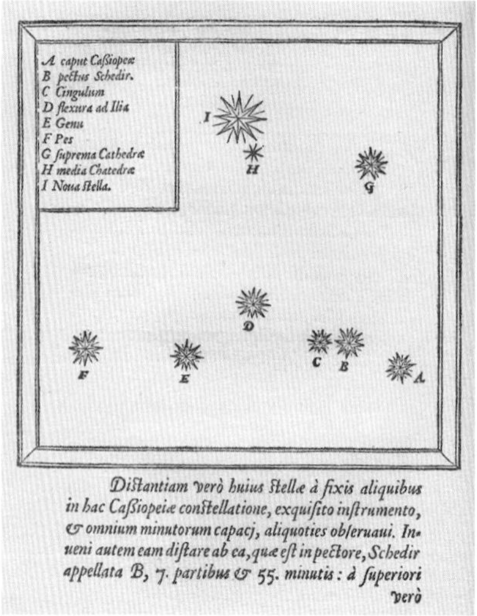

브라헤가 발견한 초신성 SN1572.

유독 남달랐다.

그는 어린 시절부터 매일 밤 별의 움직임을 관찰했다. 밤새도록 하늘과 별을 관찰하게 된 계기는 개기일식*이라는 놀라운 자연현상을 접하고 나서다. 그 후 브라헤는 평균을 아득히 넘어서는 시력과 끈질긴 집념을 바탕으로 수많은 행성의 움직임을 관측하고, 이를 수십 년간 자료로 만들어 보관해왔다. 지금 생각해도 사람이 별다른 장비도 없이 이런 관측이 가능한지 경이롭다.

1600년에 브라헤와 케플러는 처음 만났다. 케플러 나이 28세의 일이었다. 당시 브라헤는 이미 저명한 점술학자이자 천문학자였다. 그는 신예 천문학자인 케플러를 자신의 조수로 받아들이고 함께 행성의 움직임을 기록했다. 브라헤는 죽기 전 케플러에게 자신의 관측 자료를 넘겨주었다.

케플러는 스승의 자료를 토대로 자신의 이론을 완성할 수 있었다. 맨눈으로 수십 년간 관측했던 스승의 자료가 없었다면 케플러의 업적

*태양이 달에 완전히 가려 보이지 않는 현상.

케플러 우주망원경. © NASA

은 쉽게 이루지 못했을 것이다. 케플러 우주망원경을 보고 있자면 브라헤의 초시력과 케플러의 천재성이 만나 골디락스 행성*을 찾고 있는 것이 아닌가 하는 생각이 든다.

언젠가 인류가 새로운 생을 이어갈 수 있는 골디락스 행성을 찾는다면 케플러의 이름과 브라헤의 이름을 함께 기억해야 할 것이다. 브라헤는 소변을 참다가 급성 방광염으로 어이없이 죽었고, 케플러 또한 전염병으로 가족을 잃고 길에서 급사하는 등 둘의 말년은 불행했지만, 결국 이 두 위대한 천재 과학자 덕분에 인류는 우주를 향해 한걸음 더 다가설 수 있었기 때문이다.

*영국의 전래동화 《골디락스와 세 마리 곰》에서 따온 말로 적당한 온도를 갖춰 생명체가 살기 좋은 행성을 말함.

오다가다 줍줍!

인류가 발견한 두 번째 초신성, 'SN1604'

1604년, 케플러는 보통 별보다 1만 배 밝은 초신성을 관측했다. 바로 'SN1604'라 불리는 별이다. 이 별은 관측한 케플러의 이름을 따서 '케플러 초신성'이라고도 한다. 'SN1604'는 브라헤가 관측한 초신성 이후 32년 만에 관측된 두 번째 초신성으로 북이탈리아에서 관측되었다.

'SN1604'는 놀랍게도 조선시대에도 관측되었다. 선조 37년 9월 21일, 《선조실록》에 따르면 "밤 1경에 객성이 미수 10도에 있어 북극과는 110도 떨어져 있었으니 형체는 세성(목성)보다 작고 색은 누르고 붉으며 동요하였다"라고 초신성에 대해 기록하고 있다. 'SN1604'는 케플러가 목격한 북이탈리아를 넘어 반대편인 우리나라서도 목격될 정도의 강력한 빛을 지닌 것이다.

아직 우리은하에서는 초신성이 더 이상 발견되지 않고 있다. 다른 초신성의 존재 가능성은 충분하지만, 2012년 기준 육안으로 그 실재가 확인된 우리은하 내의 초신성은 케플러 초신성이 유일하다.

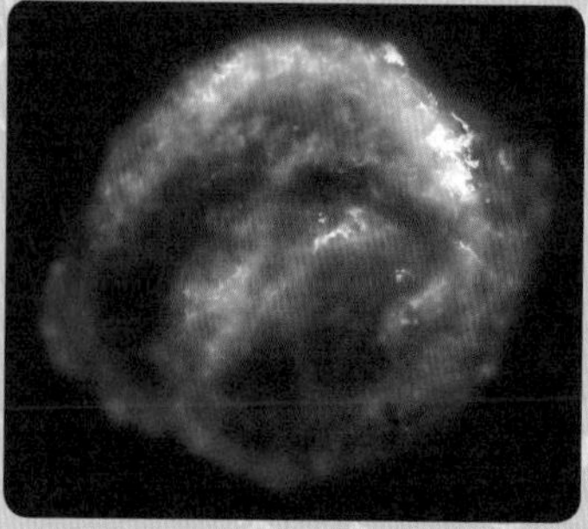

케플러 초신성 'SN1604'.

more info.

인류에게 두 번째 '불'을 선물하다

토머스 에디슨 & 니콜라 테슬라

우리는 에디슨을 '위대한 발명의 왕'으로 기억한다. 그는 "천재는 99퍼센트의 땀과 1퍼센트의 영감으로 이루어진다"라는 명언을 남기며 우리에게 희망을 주었다. 에디슨만큼 인지도는 없지만, 그와 동시대를 산 또 한 명의 발명왕이 있다. 그는 25개국에서 약 272개의 특허를 획득한 천재 발명가이자 무려 에디슨과의 '전류 전쟁'에서 이긴 테슬라다.

발명왕의 대명사, 토머스 에디슨

에디슨은 노력하는 천재였다. 특허 수가 1천 종이 넘을 정도로 많은 발명품을 만든 천재 발명가였지만, 그 업적을 이루기까지 수많은 실패를 맛봐야 했다. 에디슨의 어린 시절 일화는 매우 유명하다. 달걀을 품어 병아리를 부화시키겠다며 엉뚱한 집념을 보인 이야기나, 유년 시절 학교 수업에 적응하지 못했다는 이야기는 잘 알려져 있다.

에디슨의 청소년기는 유년기에 비해 비교적 많이 알려지지 않은 편

토머스 에디슨(Thomas Edison), 1847~1931.

이다. 에디슨이 열 살이 되던 때 집안이 급격히 어려워졌다. 그는 가족의 생계를 위해 12세의 어린 나이에 농장에서 일했고, 이듬해에는 기차 안에서 신문과 음식을 팔았다. 이 와중에 영리함이 남달라서 기차가 오가는 역 사이의 물가가 다르다는 점을 눈여겨보고 사람을 고용해 점포를 열기도 했다.

기차 안에서 물건을 팔면서도 화학 실험에 대한 열정은 뜨거웠다. 그래서 기차 화물칸에 실험실을 꾸미고 틈나는 대로 실험했다. 그러나 어느 날 화학약품이 폭발해 기차에 불이 났고, 이 일로 에디슨은 해고되었다.

하지만 위기는 곧 기회로 찾아오는 법일까? 그는 새롭게 전신 기술을 배우기 시작했는데, 이는 곧 그의 가장 큰 업적 중 하나인 전기 시스템을 만드는 시발점이 되었다. 전신 기사가 된 그는 이때 쌓은 지식을 바탕으로 전신기와 인쇄기, 축음기를 발명해 큰 성공을 거뒀다.

에디슨이 발명에 성공한 첫 번째 전구.

100년 후의 미래를 내다본 니콜라 테슬라

에디슨과 테슬라의 인연은 1882년, 테슬라가 에디슨이 차린 전화 회사의 파리 지사에 입사하면서 시작되었다. 테슬라는 에디슨이 발명한 직류 모터에 의구심을 품었다. 그가 생각한 전기 시스템은 교류전류 전송방식인데, 이것이 현재 우리가 사용하는 방식이다. 하지만 당시 세간에 가장 유명한 발명왕이자 사업가로 알려진 에디슨이 발명한 직류 전송방식에 '반기'를 들기는 무척 어려운 일이었다.

테슬라는 결국 에디슨의 회사를 떠나 자신의 이름을 건 회사를 세웠다. 그리고 교류전류 전송장치를 개발해 특허를 따냈다. 에디슨과 테슬라는 이후 자신의 방식이 맞다는 것을 관철하려고 오랫동안 '전류 전쟁'

니콜라 테슬라(Nikola Tesla), 1856~1943.

을 벌였다. 이 경쟁의 승자는 테슬라였다.

1893년, 미국 시카고에서 열린 세계박람회에서 테슬라의 교류전송 방식의 형광등과 단파장 전구가 채택되었다. 테슬라는 100년 후를 내다보는 천재적인 심미안을 지녔던 셈이다. 한 세기에 나올까 말까 했던 천재 테슬라가 에디슨에 가려 오랫동안 알려지지 않았다는 사실이 새삼스레 아쉽다.

전기자동차에 들어가는 AC모터, 전자현미경, 라디오, 자동차 속도계, 무선조종 보트, 레이더, 리모컨 등 그가 100여 년 전 만든 수많은 발명품을 오늘날 우리가 편리하게 사용하고 있다. 그나마 요즘은 일론 머스크가 설립한 '테슬라 모터스'로 그의 이름이 유명해져서 다행이다.

이들처럼 라이벌로 대치했던 인물도 드물다. 그만큼 이들이 연구하고 개발한 전기 시스템은 비슷한 듯하면서도 상당히 달랐다. 2020년, 개봉한 테슬라의 일대기를 그린 영화 〈테슬라〉를 보면 에디슨이 전기의 교류방식은 낭비라며 테슬라를 비난하고 직류방식을 고집하는 장면이 나온다. 이제까지 우리가 알던 발명왕 에디슨과는 다른 비열한 모습도 많이 눈에 띈다.

강력한 전기가 흐르는 실험을 직접 관찰하고 있는 테슬라.

심지어 테슬라는 투자를 하면서 많은 빚을 지고 수많은 법률 송사에 휘말려 힘든 말년을 보냈는데, 에디슨의 고소·고발도 한몫했다. 최근 에디슨이 발명왕에서 악독한 기업주로 인식이 변화하는 것도 이러한 전적 때문이다.

하지만 어찌 됐든 수많은 실패를 거듭하면서 마침내 백열전구를 만들어 도시의 밤을 밝힌 에디슨과 그에 맞서 우리가 언제 어디서나 값싸게 빛을 사용할 수 있도록 해준 테슬라 덕분에 인류는 깜깜한 밤에도 낮과 같이 활동할 수 있는 자유를 얻었다. 이들이 전기라는 매개체로 계속 싸우며 기술의 발전을 이뤘기에 우리는 프로메테우스가 인류를 위해 훔쳐 온 불에 이어 '전기'라는 편리한 빛의 마법을 누리게 된 것이다.

오다가다 줍줍!

다사다난한 삶을 살았던 테슬라

테슬라의 아버지와 어머니는 동방정교회의 사제였다. 테슬라는 아버지를 따라 이사를 많이 다녔고 그 과정에서 콜레라에 걸려 여러 번 죽을 고비를 넘겼다. 9개월 동안 병상에 있는 동안 아버지는 테슬라가 쾌차한다면 최고의 공대를 보내주겠다고 약속했다. 하지만 이듬해 군대 징집 명령이 떨어졌다. 테슬라는 이를 피하려고 도망쳤는데, 이때 사냥꾼처럼 산을 누빈 덕분에 병도 이겨내고 체력도 좋아졌다.

1884년, 테슬라는 미국으로 건너가 에디슨 연구소 기계공장의 동력기와 모터를 설계하고 제작하는 일을 맡았다. 하지만 업주는 테슬라에게 약속한 보너스를 지급하지 않았다. 그래서 그는 회사를 그만두었다. 이후 테슬라는 에디슨과 전류방식으로 큰 마찰이 생겼는데 이를 '전류 전쟁'이라 불렀다. 테슬라는 진정한 전류 전쟁의 승자였지만 오랫동안 에디슨에 의해 명성이 가려졌다가 최근 그를 기리는 목소리가 높아지면서 이름이 회자되고 있다.

테슬라는 말년도 불행했다. 발명으로 인해 많은 빚을 지고 가난하게 살다가 뉴욕에서 86세의 나이에 숨을 거뒀다.

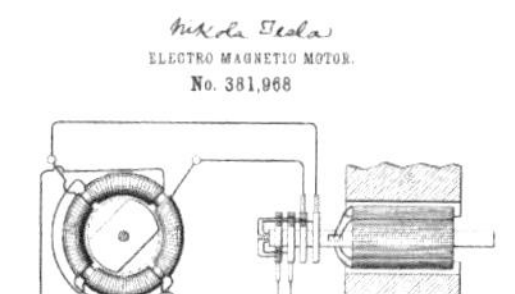

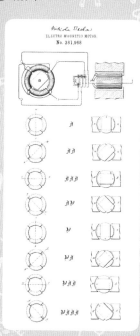

교류 모터의 원리를 보여주는 도면.

세계 1위 부호들의 우주 전쟁

일론 머스크 & 제프 베이조스

테슬라 CEO인 머스크가 2021년, 전 세계 1위 부자로 등극했다. 경제 전문지 〈블룸버그〉 발표에 의하면 머스크의 순 자산은 1,950억 달러인데 한화로 약 213조 원이다. 한편 2020년의 전 세계 부자 1위는 아마존 CEO 베이조스다. 그의 재산은 머스크보다 100억 달러 적은 1,850억 달러였다. 세계 1위의 부호 자리를 두고 경쟁하는 이 둘은 공통점이 많다. 인공지능 개발에 적극적이며 달, 화성 등 우주개발을 위해 가장 많은 투자를 하고 있다는 점도 같다. 이들이 꾸는 꿈은 우주다. 인류의 숙원이었던 민간 우주 관광이 세계적인 부호이자 괴짜들에 의해 본격적으로 실현될 전망이다.

화성 이주계획을 선언한 괴짜 일론 머스크

세계 1위 부자들의 스케일은 남다르다. 두 부호는 우주개발이라는 원대한 꿈을 위해 개미처럼 부지런히 일한다. 세상에서 가장 요란하면서도 하는 일마다 화제가 되는 머스크와 아마존의 제왕 베이조스가 바

일론 머스크(Elon Musk), 1971~.

로 그 주인공이다. 사실 머스크의 재계 순위는 2020년만 해도 전 세계 35위였다. 그러나 테슬라의 주가가 천정부지로 뛰어오르면서 베이조스를 제치고 단숨에 세계 1위의 부자가 되었다.

머스크는 오랫동안 괴짜 천재로 불렸다. 세상을 가장 놀라게 했던 사건은 '화성 이주 프로젝트'다. 자동차를 만들던 사람이 갑자기 우주선을 만들어 화성에 인류를 이주시키겠다는 뜬금없는 선언에 전 세계가 들썩였다. 그는 수많은 비난과 조롱을 받았지만 아랑곳하지 않고 자신의 꿈을 위해 20여 년간 묵묵히 노력했다.

머스크는 민간우주개발 기업 '스페이스X'를 설립해 민간기업으로는 최초로 로켓을 우주 궤도에 쏘아 올리는 데 성공했다. 여기에 그 누구도 하지 못했던 '로켓 해상 회수'를 통해 로켓을 재활용하며 발사비를 기존의 10분의 1로 줄이는 획기적인 성과를 보였다.

머스크는 어릴 때부터 비상한 두뇌로 사람들을 놀라게 했다. 독서광이었던 그는 하루에 10시간씩 독서를 했다. 12세에는 스스로 컴퓨터 프로그래밍을 익혀 게임을 만들어 판매했다. 23세에는 'Zip2'라는 정보기술 서비스 회사를 창업해 2,200만 달러를 손에 거머쥐었다. 천재적인 사업 수완을 보인 머스크는 이후 세계적으로 유명한 페이팔PayPal 서비스를

민간우주개발 기업 스페이스X 전경.

만들었다.

머스크의 도전은 2002년에 본격적으로 시작되었다. 그는 우주를 향한 원대한 꿈을 실현하고자 스페이스X를 창업했다. 2년 후 전기자동차 테슬라의 CEO가 되어 세계에 명성을 떨친 그는 본격적으로 우주개발 사업에 박차를 가했다. 예전부터 꿈꾸던 화성 이주 프로젝트를 실현하기 위한 첫 단계였다. 스페이스X의 로켓 팰컨9이 2020년, 100회 발사에 성공하며 화성을 향한 그의 꿈도 한층 가까워졌다. 영화에서나 일어날 법한 화성 이주가 21세기 안에 이루어질 수도 있겠다.

세상을 바라보는 선견지명, 제프 베이조스

머스크에 이어 인류에게 우주여행의 꿈을 이뤄줄 또 다른 부호는 아마존닷컴 설립자 베이조스다. 온라인 서점으로 출발한 아마존닷컴은 세계에서 가장 큰 규모의 전자상거래 업체로 자리매김했다. 2021년, 머스크에게 1위 자리를 내주긴 했지만 지난 2년간 그가 세계 1위 부호 자리를 유지할 수 있었던 것도 아마존닷컴이 든든한 기반이 되어준 덕분이다.

베이조스의 꿈은 원대했다. 그는 아마존 수익금의 일부를 자신의 꿈을 이뤄줄 중대한 비밀 프로젝트에 투자했다. 특히 지난 20년간 우주개발 프로젝트 블루 오리진Blue Origin에 가장 많은 공을 들였다. 블루 오리진은 준궤도 우주 관광을 제공하기 위해 세운 민간우주개발 기업이다. 블루 오리진은 미항공우주국과 함께 '21세기 인류 달 착륙 미션'을 수행한다. 미항공우주국에선 여성 우주인 중심의 달 탐사 프로젝트 아르테미스Artemis를 오는 2024년 수행할 예정이다. 이 프로젝트가 성공하면 미국은 아폴로 계획 이후 52년 만에 다시 달에 가게 된다.

제프 베이조스(Jeff Bezos), 1964~.

작은 온라인 서점을 창업한 그가 세계 최고 부자에 오르고 우주개발까지 하게 된 것은 선견지명이 있었기 때문이다. 베이조스는 어린 시절부터 과학에 천부적인 재능을 보였다. 과학영재학교에 진학해서도 뛰어난 기량을 펼쳤다. 그런 그는 인터넷에 길이 있다고 생각했다. 열대우림 아마존을 상호로 떠올린 것도 미지의 정글 속에 사람들이 찾는 모든 것이 있게 하겠다는 발상이었다. 베이조스는 항상 "꿈을 실행하지 않으면 후회할 것"이라고 말해왔다. 그러고 그가 가리킨 곳은 우주였다.

이제 머스크와 베이조스 두 천재가 꾸던 우주의 꿈에 인류가 동참할 수 있게 됐다. 모두가 아니라고 말할 때 우주를 향해 묵묵히 정진했던 두 괴짜 천재들의 무모한 용기가 있었기에 가능한 일이다. 물론 이들이 투자하는 우주개발 전쟁에 모두가 긍정적으로만 보는 것은 아니다. 천

민간우주개발 기업 블루 오리진의 우주선.

문학적인 금액을 투자해 우주선을 쏘아 올리는 경쟁을 벌인 것을 두고 일각에서는 “지구가 불타고 있는데 부자들은 비싼 놀이기구를 탄다”라며 비판하기도 했다. 하지만 언젠가 민간 우주여행이 대중화된다면 이 두 라이벌의 경쟁 덕분이라는 사실을 부정할 수 없을 것이다.

오다가다 줍줍!

인류 최초로 우주 관광을 한 사람

최초로 민간기업이 만든 우주선을 타고 우주 관광을 한 사람은 누구일까? 많은 이들이 머스크가 될 것이라고 짐작했지만 버진그룹 회장 리처드 브랜슨이 그 주인공이다. 2021년 7월 11일, 71세에 자신이 창업한 민간우주기업 버진 갤럭틱Virgin Galactic의 유니티 우주선에 탑승해 하늘로 날아올라 '지구의 끝'을 엿보는 데 성공했다. 베이조스는 리처드 브랜슨이 우주에 간 지 9일이 지난 후 우주 상공을 날았고 머스크의 유인우주선은 두 달 후인 9월 사흘간 지구 궤도를 도는 데 성공했다.

물론 일반인이 우주에 간 것이 이번이 처음은 아니다. 7명의 부호가 2000년대에 러시아의 소유즈 캡슐을 타고 국제우주정거장을 방문했었다. 그러나 민간기업이 만든 우주선으로 우주여행을 한 것은 이번이 처음이다. 지구로 귀환한 후 브랜슨은 "우리가 여기까지 오는데 17년 동안의 노고가 있었다"라며 우주 관광 시범 비행을 성공시킨 버진 갤럭틱 팀에게 축하의 메시지를 전했다.

리처드 브랜슨(Richard Branson), 1950~.

디지털컴퓨터의 시초와 최초의 프로그래머

찰스 배비지 & 에이다 러브레이스

컴퓨터는 프로그램을 이용해 결과를 도출하는 기계다. 과거에는 주로 연산을 수행하는 계산기를 뜻했다. 오늘날 우리가 사용하는 컴퓨터는 앨런 튜링의 논문에서 출발해 폰 노이만이 설계한 프로그램 저장 방식과 존 바딘, 월터 브래튼, 윌리엄 쇼클리가 발명한 트랜지스터의 발전이 합작한 결과물이라고 할 수 있다.

하지만 19세기에 컴퓨터라는 개념과 프로그래밍을 최초로 고안한 '컴퓨터 원조 천재'는 따로 있다. 해석기관解析機關이라는 최초의 컴퓨터를 설계한 배비지와 최초의 프로그래머로 불리는 러브레이스가 바로 그 주인공이다.

최초의 컴퓨터를 고안한 찰스 배비지

현대 컴퓨터의 아버지는 빌 게이츠도 스티브 잡스도 아니다. 바로 폰 노이만이다. 하지만 노이만 이전에 이미 오늘날의 컴퓨터라는 개념을 만든 천재 과학자가 따로 있다. 단 실물로 만들어진 것은 아니지만

찰스 배비지(Charles Babbage), 1791~1871.

말이다. 그런데 한술 더 떠 아직 만들어지지도 않은 컴퓨터의 운영 프로그램을 만든 천재도 있었다. 그렇다면 19세기에 컴퓨터가 어떻게 나왔다는 것일까? 배비지에게서 그 위대한 시작을 엿볼 수 있다.

배비지는 영국의 유명한 철학자이고 수학자이자 발명가다. 무엇보다 그는 기계공학자로 프로그램 설계가 가능한 현대식 컴퓨터를 개념화했다. 최초의 컴퓨터는 인간의 연산 오차를 줄이기 위해 정확도가 높은 계산기를 목적으로 개발되었다. 배비지는 지금과 같은 형태의 컴퓨

배비지가 처음 구상한 차분기관의 일부분.

터를 최초로 발명한 인물로 이후 더욱 복잡한 형태의 컴퓨터가 개발되었다.

1822년, 그는 이미 컴퓨터의 전신 개념인 차분기관差分機關* 을 생각해냈고 뒤이어 해석기관이라는 컴퓨터를 설계했다. 현대 컴퓨터가 만들어지기 한 세기 전의 일이다. 처음 구상한 차분기관은 여러 개의 수를 자동 계산할 수 있는 기능을 갖추었지만, 당시 여러 가지 열악한 여건 속에서 애석하게도 완성되지는 못했다.

배비지는 다시 해석기관이라는 기계를 만들기로 했다. 해석기관은

*찰스 배비지가 설계했으나 완성은 하지 못한 기계식 계산기.

50자리 숫자 1천 개를 저장할 수 있는 능력을 갖췄다. 범용적인 계산도 척척 해냈다. 해석기관은 차분기관과는 다르게 프로그래밍을 할 수 있는 혁신적인 기계였다. 오늘날 컴퓨터의 원형에 가까운 기계로 이는 디지털컴퓨터의 시초로 평가받는다. 하지만 결국 해석기관도 비용의 문제 및 당시 기술로는 구현할 수 없다는 현실적인 한계에 부딪혀 상용화되지는 못했다.

인류 최초의 프로그래머, 에이다 러브레이스

천재는 천재를 알아보는 법일까? 배비지는 러브레이스를 보고 직감했던 모양이다. 자신이 고안한 컴퓨터에 생명을 불어넣어 줄 동료로 말이다. 배비지는 러브레이스의 비범함을 알아보고 조수 및 후원자로 해석기관 연구에 동참시켰다.

러브레이스는 1842년, 배비지와 함께했던 연구를 바탕으로 《배비지의 해석기관에 대한 분석》을 출간했다. 그리고 그가 남긴 노트에는 기계가 작동하는 방식을 적은 세계 최초의 알고리즘이 적혀 있었다. 실존하지도 않는 기계의 프로그래밍을 설계하는 획기적인 성과를 보인 것이다.

러브레이스의 본래 이름은 에이다 바이런이다. 그는 영국의 낭만 시인으로 잘 알려진 조지 고든 바이런George Gordon Byron의 딸이다. 에이다는

에이다 러브레이스(Ada Lovelace), 1815~1852.

어릴 때부터 수학에 뛰어난 재능을 보였다. 성년이 되어서는 평범한 귀족 부인으로 지내던 중 당시 케임브리지 대학교수였던 배비지를 후원자로 만나면서 그의 연구를 도왔다. 그리고 에이다는 배비지의 해석기관이 '완성된다'는 가정하에 해석기관에서 작동할 프로그래밍을 설계했다.

러브레이스는 프로그래밍 언어에서 사용되는 중요한 개념을 만들었다. 몇 가지 예를 들면 특정 조건이 충족될 때까지 반복 실행하는 순환 구문인 루프[loop]나 if와 같은 조건식의 제어 구문이 대표적이다. 하지만 배비지의 해석기관이 만들어지지 못해 한 세기를 내다본 그의 프로그래밍 능력은 그대로 묻혀버렸다. 그의 천부적인 재능은 100년 후 또 다른 비운의 천재 앨런 튜링에 의해 비로소 빛을 발했다.

러브레이스는 베르누이수[Bernoulli numbers]를 구하기 위한 알고리즘도 제시했는데, 이를 통해 배비지의 해석기관을 알고리즘으로 설명한 최초의 프로그래머로 인정받게 되었다.

이렇듯 러브레이스는 19세기에 현대 컴퓨터언어의 기초가 되는 개념을 개발했다. 미 국방성은 1980년에 개발한 미 국방성 프로그래밍 언어를 그의 이름을 따 '에이다Ada'라고 명명하면서 그의 공헌을 기렸다.

에이다 프로그래밍 언어.

19세기 당시 과학기술로는 만들 수 없었던 컴퓨터를 고안해 낸 배비지와 프로그래밍을 설계한 러브레이스. 비록 그들의 연구는 미완성으로 끝났지만, 시대를 앞서간 이들의 비범한 재능은 21세기인 지금도 감탄을 자아내게 한다.

오다가다 줍줍!

난봉꾼 천재 시인의 딸

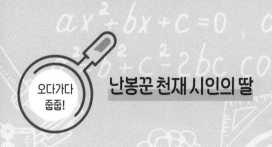

에이다의 아버지는 천재 시인 바이런이다. 바이런은 훌륭한 시를 남겼지만 잦은 혼외 관계와 근친상간을 일삼던 난봉꾼이었다. 그것도 막장 스타일이었다. 에이다와 그의 어머니는 바이런의 친딸이자 정부인이었지만 바이런은 이들에게 관심이 없었다. 심지어 생후 한 달이 된 에이다와 부인을 친정으로 쫓아내기까지 했다.

그래서일까. 에이다는 성장기 때 아버지를 극도로 싫어하며 수학으로 눈을 돌렸던 것으로 보인다. 에이다는 사혈 요법(피를 빼내 치료하는 방법)의 피해자로 37세 젊은 나이에 목숨을 잃었다. 아이러니하게도 아버지 바이런도 같은 사혈 요법의 부작용으로 36세에 사망했다.

조지 고든 바이런, 1788~1824.

그토록 닮고 싶지 않았던 아버지와 같은 방식으로 죽었으니 얼마나 억울하고 분할까. 19세기에 개발되지 않은 컴퓨터의 프로그램을 만들 수 있었던 천재였기에 그녀의 인생이 더욱 기구하다.

우주의 역사를 바꾼 로켓 대결

세르게이 코롤료프 & 베르너 폰 브라운

1957년, 러시아(구소련)는 우주를 향해 인공위성을 쏘아 올리는 데 성공했다. 인류 최초의 인공위성인 '스푸트니크 1호'다. 러시아와 과학 경쟁을 벌이던 미국은 이에 자극을 받아 1969년, 아폴로 11호를 발사해 인류 최초로 달 탐사에 성공했다. 인류가 우주를 향한 첫발을 내딛는 역사적인 성공의 이면에는 냉전시대에 경쟁했던 천재 우주 과학자들의 공로가 숨어 있었다. 러시아에 코롤료프가 있었다면 미국에는 브라운이 있었다.

수감자에서 우주의 아버지로, 세르게이 코롤료프

미국과 중국의 패권 싸움이 날로 더해가고 있다. '천조국'이라는 별명의 부자나라 미국의 아성에 넘버 2 중국이 도전을 멈추지 않고 있다. 그런데 60년 전에는 미국과 겨룰 수 있었던 유일한 라이벌이 러시아뿐이었다. 이 두 나라는 통 크게도 우주를 두고 경쟁했다. 서로 누가 먼저 우주로 진출하느냐가 각 국가의 자존심을 건 최대 과제였다. 승자는 모

세르게이 코롤료프(Sergei Korolyov), 1906~1966.

두 러시아였다.

러시아가 먼저 인공위성을 쏘아 올리며 우주개발 역사의 첫 페이지를 장식했다. 1957년 10월 4일, 발사한 세계 최초 인공위성 스푸트니크 1호는 외부에 라디오 송신장치와 4개의 안테나가 달려 있었다. 'R-7' 로켓에 실려 지구 밖으로 떠난 스푸트니크 1호는 이후 지구에 신호를 보내왔다. 한 달 뒤에는 2호를 발사했다. 러시아의 스푸트니크 플랜은 국가 위상이 걸린 중대한 프로젝트였다.

이 프로젝트에서 가장 중요한 역할을 한 과학자가 코롤료프다. 그는

세계 최초 인공위성인 스푸트니크 1호.

러시아 최고의 로켓 공학자로 스푸트니크 1호와 세계 최초 유인우주선 보스토크 1호를 발사하며 인류 우주 역사를 새로 썼다.

'우주의 아버지'라 불린 코롤료프의 과거는 어두웠다. 그는 스탈린의 대숙청* 기간 동안 동료의 고발로 10년 형을 선고받고 수용소에서 시간을 보내야 했다. 하지만 그의 천재성을 알아본 러시아 당국은 그를 풀어주고 로켓 개발 프로그램에 합류시켰다. 당시 러시아는 제2차 세계대전이 끝난 후 엄청나게 국력을 소모한 탓에, 독일과 미국에 비해 무기 개발이 상당히 뒤처져 있었다.

*러시아에서 공산당 서기장이었던 스탈린(Stalin)은 1937~1938년에 걸쳐 자신의 정적 및 반대하는 세력을 포함, 수백만 명의 무고한 시민들을 처형하고 수용소로 보냄.

러시아는 먼저 원자폭탄과 폭격기, 그리고 핵폭탄 운송수단인 탄도미사일을 개발하기로 했다. 러시아가 욕심낸 것은 독일이 전쟁 중 만든 탄도미사일 V2와 이를 만든 과학자들이었다. 그래서 서둘러 독일 과학자들을 포섭하는 한편 코롤료프를 합류시켜 V2를 기반으로 한 신형 대륙간탄도미사일ICBM을 설계했다. 그리고 스푸트니크에 이 신형 대륙간탄도미사일 R-7 세묘르카를 실어 발사했다. 결과는 대성공이었다.

아폴로 11호 성공의 주인공, 베르너 폰 브라운

베르너 폰 브라운(Wernher von Braun), 1912~1977.

1958년 1월 31일, 미국 최초의 인공위성인 '익스플로러 1호'가 성공적으로 발사됐다. 비록 러시아보다 조금 늦긴 했지만 이 발사로 미국은 체면을 세울 수 있었다. 아이러니하게도 전범국 독일에서 미사일 개발자로 대활약했던 로켓 공학자 브라운이 천재적인 솜씨를 발휘한 결과였다.

당시 미국은 러시아가 인공위성을 먼저 발사하여 성공한 모습에 큰 충격을 받았다. 그래서 서둘러 인공위성 발사에 심혈을 기울였다. 브라운은 독일 패망 후 미국에 투항해 미국 육군 소속으로 로켓 개발 업무에 참여하면서, 로켓 주노-1을 개발해 러시아에 이어 미국이 인공위성을 발사하는 데 기여했다. 미항공우주국이 설립된 후 그는 조지 마셜 우주비행 센터의 감독관으로 추대되었다. 그는 아폴로계획에 추진체로 사용된 로켓인 새턴 V 개발을 성공적으로 이끌며 인류를 최초로 달에 보낸 아폴로 11호 발사를 성공시키는 데 결정적인 역할을 했다.

브라운은 미국의 우주 계획에 가장 큰 기틀을 마련한 로켓 공학자로 명성을 떨치고 살았다. 하지만 그에게는 숨기고 싶은 비밀이 있었다. 과거에 독일의 탄도미사일 V2를 개발한 공학자였다는 사실이다.

때문에 그의 업적은 종종 논란이 되었다. 그가 개발한 로켓이 독일 나치의 비밀병기로 제작되어 전 세계적인 살상을 주도했기 때문이다. 제2차 세계대전 당시 독일군에 속해 있던 그가 영국 폭격을 위해 만든 탄도미사일 V2는 뛰어난 파괴력으로 영국에 큰 피해를 남겼다. 영국에서는 V2를 '악마의 사자'라 부를 정도로 두려워했다.

그럼에도 브라운은 천재적인 로켓 개발 능력을 주목받아 1950년, 미국 시민권을 얻었다. 1970년에는 미항공우주국 본부 부책임자로 임명되며 승승장구했다. 그리고 미국의 우주 계획에 동참했던 가장 뛰어난 로켓 공학자로 이름을 남겼다.

러시아와 미국이 우주에 로켓을 쏘아 올리는 것에 열을 올릴 때 두 과학자는 보이지 않는 곳에서 서로 경쟁했다. 하지만 브라운과 코롤료프는 단 한 번도 만난 적이 없다. 브라운이 코롤료프의 명성을 듣지도 못했을 것이다. 러시아가 보안상의 이유로 그의 존재를 철저하게 감췄기 때문이다.

마치 영화 〈007〉을 보는 것과 같은 일이 냉전시대에는 일어났다. 이러한 철통 보안 덕분인지는 모르겠지만 러시아는 미국보다 더 먼저 우주로 로켓과 유인우주선을 보낼 수 있었다.

브라운 덕에 인류는 우주개발에 좀 더 박차를 가했다. 아이러니하게도 전쟁에서 살상의 도구가 됐던 브라운의 로켓 기술이 우주개발의 초석이 된 셈이다. 기술이란 어떻게 쓰이느냐에 따라 살상 미사일이 될 수도 있고 인류의 미래를 풍요롭게 만들 로켓이 될 수도 있다.

아폴로 11호를 쏘아 올린 새턴 V 1단 엔진 앞에 서 있는 브라운.

천재들이 어떤 방향으로 자신의 재능을 사용하느냐에 따라 새로운 역사가 열리는 것이다. 그러니 기왕이면 선의의 방향으로 그들의 재능을 펼칠 수 있도록 우리가 지켜보는 눈이 돼야 한다. 마치 노벨이 만든 다이너마이트가 살상의 무기가 아니라 원래의 뜻대로 사용되도록 지켜봐야 하듯이 말이다.

오다가다 줍줍!

인류 최초로 우주에 간 사람

러시아 우주비행사이자 군인이었던 유리 가가린은 인류 역사상 최초로 우주로 나간 사람이었다. 1961년 4월 12일, 보스토크 1호를 타고 우주 비행에 성공하며 본격적인 유인 우주 시대의 서막을 열었다.

당시 러시아에서는 가가린이 살아서 돌아올 확률이 낮으리라 예상하고 그를 소령으로 특진시켰다. 하지만 가가린은 무사히 우주여행을 마치고 귀환해 인류의 영웅이 되었다. 그가 지구로 귀환해 남긴 "하늘은 어두웠지만 지구는 푸른빛이었다"라는 말은 전파를 타고 전 세계로 퍼져나가 유행어가 되기도 했다.

유리 가가린(Yuri Gagarin), 1934~1968.

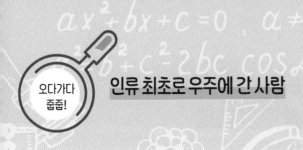

프레온가스로부터 지구를 구한 영웅

파울 크뤼천 & 셔우드 롤런드 & 마리오 몰리나

1980년대 패션을 말할 때 닭 볏처럼 높이 올려세운 헤어스타일을 빼놓을 수 없다. 한껏 멋 부린 이들의 머리는 헤어스프레이와 무스로 뻣뻣하게 고정되어 있었다. 그 시대 패션 트렌드였던 헤어스프레이의 인기는 1990년대 들어 급격히 감소했다. 프레온가스[Freon gas*]가 오존층을 파괴한다는 사실이 밝혀졌기 때문이다. 그 사실을 밝힌 사람은 크뤼천, 롤런드, 몰리나다. 이들은 프레온가스가 오존층 파괴에 영향을 미치는 정도가 매우 심각함을 국제사회에 알리면서 헤어스프레이를 비롯 프레온가스 제품의 생산을 대폭 감소시키는 데 결정적인 역할을 했다.

오존층의 취약점을 발견한 파울 크뤼천

자외선이 강해지면서 자외선 차단제의 중요성이 강조되고 있다. 이제는 실내에서도 자외선 차단제를 바르는 것이 상식이 되었다. 왜 이런

*염소, 플루오르, 탄소로만 구성된 화합물.

파울 크뤼천(Paul Crutzen), 1933~2021.

일이 생긴 걸까? 방어 필터 역할을 하는 오존층에 구멍이 생기면서 자외선이 오존층을 가로질러 여과 없이 들어오기 때문이다.

오존층은 성층권에서 많은 양의 오존ozone이 있는 높이 15~30킬로미터 사이에 해당하는 부분이다. 쉽게 말하자면 지구 대기를 둘러싸고 있는 얇은 막이다. 이 얇은 막으로 태양에서 오는 강한 자외선을 막아준다. 오존층이 자외선을 막아주지 않는다면 남극과 북극의 얼음이 녹아 해수면은 높아지고 심각한 기후변화가 올 것이다. 자외선 때문에 피부

암, 백내장 등 각종 질병도 생길 것이다.

이런 오존층이 해마다 점점 줄어들고 있다. 특히 남극과 북극은 구멍이 뚫린 것과 같은 오존 구멍ozone hole이 생겨 심각한 지경에 이르렀다. 과학자들은 오존층의 중요성을 깨닫고 이를 보호하려고 했다. 그러기 위해서는 무엇보다 오존층을 파괴하는 원인을 알아야 했다. 이렇게 오존층을 보호하고자 뭉친 이들이 크뤼천, 롤런드, 몰리나였다.

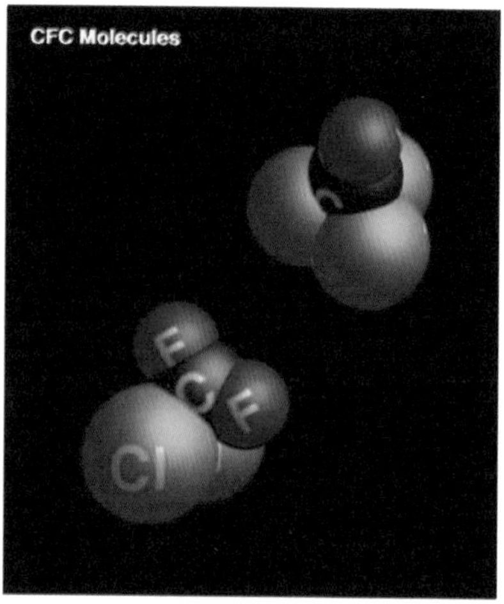

프레온가스라 불리는 염화불화탄소.

먼저 크뤼천은 오존층의 존재를 이론적으로 제시했다. 그리고 오존의 취약점을 찾아내는 데 집중했다. 그는 연구 끝에 산화질소류가 오존층을 손상하는 촉매 역할을 한다는 것을 밝혔다. 크뤼천의 발표 이후 롤런드와 몰리나도 대기환경에 영향을 주는 물질을 연구했다.

이들의 연구 결과는 놀라웠다. 염화불화탄소CFC, 일명 프레온가스로 널리 알려진 물질이 오존에 커다란 위협을 가한다는 사실이었다. 당시 프레온은 냉장고, 에어컨에 들어가는 냉매와 스프레이의 분사제, 반도체의 세정제 등 다양한 산업에서 활용되고 있었다.

프레온은 1930년, 미국의 듀폰사가 발명한 냉각제다. 무색무취에 인체에 독성이 없고 불연성을 지닌 이상적인 화합물로 주목받던 참이었다. 당연히 이들의 연구로 산업계는 발칵 뒤집혔다.

몬트리올의정서를 이끈 세 영웅

이들의 연구 결과는 정치적, 산업적으로 큰 파문을 불러왔다. 중요한 산업에서 나오는 환경 유해물질을 부정적으로 규정했는데 그 증명 과정이 무척 험난했다. 특히 염화불화탄소로 돈을 벌던 사업가들은 이들의 연구를 맹렬히 반대했다.

마리오 몰리나(Mario Molina), 1943~2020.

화학계에서도 이들을 인정하지 않았다. 다른 화학자들은 프레온가스가 땅 위에서는 완전히 비활성화된다는 점을 들어 오존층을 파괴할 거라는 주장을 받아들이지 않았다. 하지만 1974년, 몰리나와 롤런드는 염화불화탄소가 대기 중에 방출되었을 때 대기권에서는 분해되지 않으나, 오존이 존재하는 성층권에 올라가면 자외선에 의해 염소 원자가 분해되어 오존층을 파괴한다는 것을 밝혔다.

셔우드 롤런드(Sherwood Rowland), 1927~2012.

이들은 여러 난관을 딛고 결국 염화불화탄소를 단계적으로 줄이는 데 동의한 몬트리올의정서Montreal Protocol*까지 끌어냈다. 이후 크뤼천, 롤런드, 몰리나 이 세 사람은 이러한 공로를 인정받아 1995년, 노벨화학상을 공동 수상했다. 노벨위원회는 "이들의 연구는 근본적인 화학 현상뿐만 아니라 인간 행동의 대규모적이고 때로는 부정적인 결과를 명쾌하게 설명했다"라고 평하고 "이는 인류에게 대단한 유익한 것"이라며 상을 수여했다.

최근 들어서 오존층이 조금씩 회복되고 있다. 기후변화 때문에 빙하가 녹고 최악의 더위와 한파가 몰아치고 있는 지금, 어찌 보면 이례적인 일이다. 이런 기적 같은 일에 대해 학계에서는 국제적인 공조로 염화불화탄소 등 오존층 파괴 원인 물질의 배출이 감소한 것이 크다고 분석하고 있다. 여러 위협과 난관에도 포기하지 않고 프레온가스의 위험성을 밝힌 이 세 과학자가 있었기에 병든 지구가 서서히 회복할 수 있었다.

---

*염화불화탄소의 제조와 사용을 규제하는 국제협약.

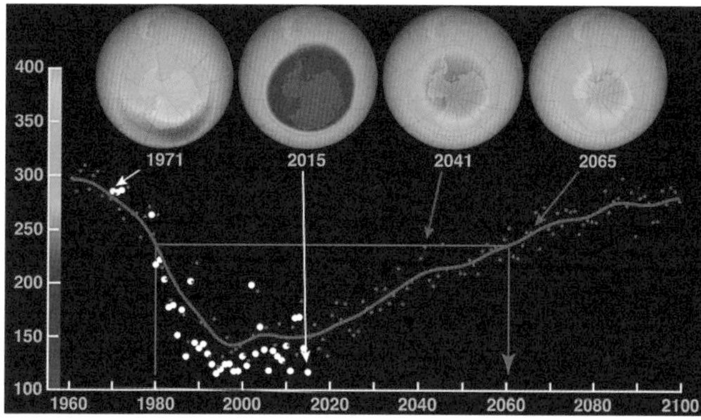

오존층의 변화 모습, 2060년이 되면 1980년대 수준으로 회복될 것으로 전망된다.

오다가다 줍줍!

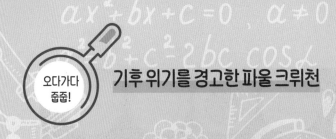

기후 위기를 경고한 파울 크뤼천

최근 기상이변이 빈번히 일어나는 등 환경이 나빠지고 있다. 이에 인류를 다른 행성으로 이주시키려는 SF 영화 같은 프로젝트가 실제로 진행되고 있다. 크뤼천 또한 앞으로 지구가 인간의 활동으로 더욱 훼손된다면 "지구를 탈출해야 한다"라고 경고했다. 에베레스트산의 만년설이 빠르게 사라지고 극지방의 빙하가 녹는 모습을 보면 새삼 지구가 위기에 처했음을 느낄 수 있다. 미래의 어느 시점에 인류는 진짜 지구를 떠나야만 할까?

하지만 다른 행성을 찾아 나설 바에야 우리에게 가장 최고의 거주 환경인 지구에 관심을 쏟고 잘 보호해 살아가는 게 낫지 않을까? 기적처럼 오존층이 회복되었듯이 우리의 노력으로 지구의 환경을 되살리는 것이 우선순위가 돼야 할 것이다.

인류에게 '컴퓨터 언어'를 선사한 일등 공신

데니스 리치 & 켄 톰프슨

컴퓨터는 인류 문명에 지대한 발전을 가져왔다. 이 컴퓨터를 작동하게 해주는 것은 C++, 자바Java와 같은 '프로그래밍 언어'다. 리치와 톰프슨이 바로 이 언어를 만든 주인공이다. 이들이 만든 C언어와 유닉스Unix* 운영체제가 없었다면 현재의 컴퓨터를 비롯해 스마트폰도 이토록 급속도로 발전할 수 없었을 것이다. 이들은 라이벌이기 이전에 영원한 단짝이기도 했다. 물론 서로 선의의 경쟁도 있었을 테다. 두 사람은 C언어와 유닉스 개발 공로를 인정받아 1983년, 튜링상을 받았다.

C언어의 아버지, 데니스 리치

당연한 이야기겠지만 컴퓨터는 인간보다 연산속도가 빠르다. 그리고 방대한 지식 데이터베이스를 저장해 인간보다 빠르게 검색한다. 그런데 이렇게 똑똑한 컴퓨터도 알고 보면 0과 1만 구분할 수 있는 단순한

*미국 벨 연구소에서 개발된 소프트웨어 개발용의 운영체제.

데니스 리치(Dennis Ritchie), 1941~2011.

구조로 이루어져 있다. 때문에 컴퓨터가 작동하려면 컴퓨터가 알 수 있는 언어로 프로그래밍을 해야 한다.

리치는 오늘날 가장 많이 사용하는 컴퓨터 프로그램 언어를 개발한 천재 프로그래머다. 그는 1983년, 튜링상을 시작으로 1990년에 전기전자공학자협회[IEEE] 리처드 해밍 메달, 1994년에는 컴퓨터 파이오니어상 등을 수상하며 저명한 전산학자로 명성을 떨쳤다. 현재 컴퓨터에는 자바, 파이썬Python 등 다양한 프로그래밍 언어가 사용되는데, 그가 개발한 C언어가 있었기 때문에 여기까지 발전할 수 있었다. 유닉스 운영체제는 과거에 연산 등 단순한 처리만 할 수 있었던 컴퓨터가 다양한 기능을 갖출 수 있도록 만들었다.

2011년, 동료 더글러스 매킬로이와 함께.

리치는 1967년, 하버드 대학교에서 물리학과 응용수학 학위를 받은 인재였다. 그는 어린 시절부터 수학과 물리학을 좋아했고 대학에 진학한 후 컴퓨터에 큰 관심을 보였다. 그는 컴퓨터로 수학 연산을 더 빨리할 수 있다는 사실에 흥미를 느껴 프로그래밍을 배웠다.

물리학과 전공이었음에도 컴퓨터에 더 관심이 많을 만큼 그는 컴퓨터에 푹 빠졌다. 리치는 대학 졸업 후 벨 연구소에서 톰프슨을 만나 유닉스 시스템과 C언어를 개발했다. 1978년, 그와 브라이언 커니핸Brian Kernighan이 공동으로 쓴 《C언어》가 출간되었고, 무려 20개 언어로 번역됐다. 이후 C언어는 업계의 표준으로 자리매김했다.

그는 죽기 전까지 왕성한 연구를 계속했고 자신이 개발한 언어로 컴퓨터 운영체제를 만드는 업적을 세웠다. 그는 2011년 10월, 자택에서 세상을 떠났는데 당시 전립선암과 심장병 치료로 몸이 많이 약해진 상태였다.

게임을 하다가 새로운 운영체제를 개발한 켄 톰프슨

톰프슨 또한 현대 컴퓨터사에서 빼놓을 수 없는 프로그래밍 언어의 선구자다. 톰프슨은 C언어 개발에 지대한 영향을 미쳤다. 그는 벨 연구소에서 먼저 B언어를 만들었는데, 후에 리치가 B언어의 특징을 살려 최종적으로 C라는 이름의 언어를 만들었다. 이후 구글의 고GO 언어를 공동 개발하기도 할 정도로 능력이 뛰어났다.

톰프슨은 버클리 대학교를 졸업한 후 벨 연구소에 입사했다. 그는 미니컴퓨터 PDP-7로 게임을 하려고 했지만 당시 운영체제로는 게임이 원활하게 돌아가지 않았다. 화가 나고 답답한 나머지 자신이 직접 운영체제를 만들기로 마음먹었다. 기계가 느리다고 직접 운영체제를 만들겠다는 발상이 참으로 놀랍다.

켄 톰프슨(Ken Thompson), 1943~.
ⓒ www.facesofopensource.com

그렇게 톰프슨이 만든 운영체제가 바로 모든 것의 시작점이 된 유닉스

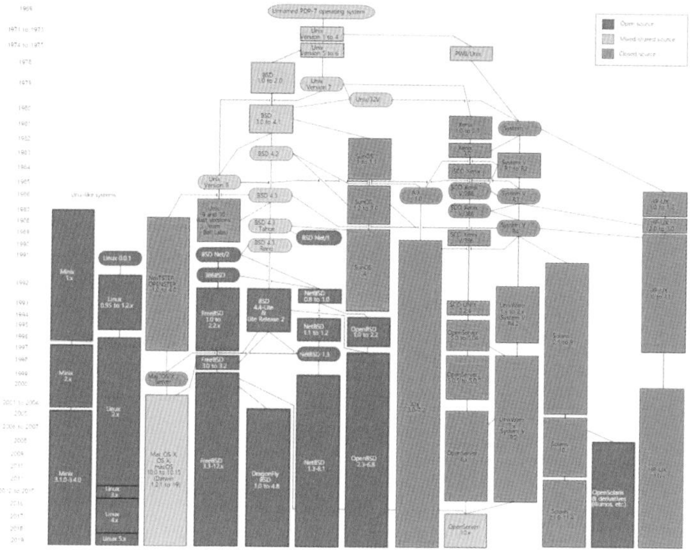

유닉스 운영체제 개발 이후 이어진 운영체제 계보. 유닉스는 리눅스의 조상 격이다.

다. C언어는 유닉스 운영체제 개발을 위해 설계한 언어다. 벨 연구소에서 일하다 버클리 대학교로 돌아온 톰프슨은 유닉스를 개조한 운영체제 BSD[Berkeley Software Distribution] 개발에 몰두했다. 톰프슨이 빌 조이[Bill Joy] 등과 개발한 BSD는 현재 오픈 OS로 유명한 리눅스의 기원이 됐다.

리치와 톰프슨이 만든 C언어와 유닉스는 현재의 스마트폰과 태블릿 PC의 기본 바탕이 됐다. 이들의 창조물이 오늘날의 컴퓨터 세상을 열었다. 오늘도 오매불망 신형 스마트폰과 태블릿을 기다리는 많은 사람을 보며 이 두 천재 프로그래머가 마치 산타클로스와 같다는 생각이 든다. 우리에게 그만큼 근사한 선물을 남겼기 때문이다.

오다가다 줍줍!

박사학위도 없는 교수

리치는 교수였지만 사실 그에게는 박사학위가 없었다. 논문을 잃어버리고 제출하지 않아 박사학위를 받지 못했다. 하지만 학위가 없어도 교수가 될 수 있었던 건 그의 업적이 그만큼 대단했다는 이야기다.

그가 죽은 지 9년 후인 2020년, 리치의 가족은 당시 리치가 잃어버린 논문의 사본을 발견했다. 하지만 사실 리치에게 학위는 그다지 중요하지 않았을 것이다. 그 자신이 컴퓨터 계의 전설이 되었기 때문이다.

톰프슨과 리치.

behind story

인류에게 '이카로스의 날개'를 달아준 거인들

라이트 형제 & 새뮤얼 랭글리

다이달로스[Daedalos]는 그리스 최고의 건축가이자 기술자였다. 그는 한번 들어가면 절대 나올 수 없는 미궁을 설계했다. 하지만 다이달로스는 미노스 왕의 노여움을 사 아들 이카로스[Icaros]와 함께 자신이 만든 미궁에 갇힌다. 이카로스는 미궁에서 탈출할 방법을 생각해낸다. 새처럼 높이 날 수 있다면 미궁의 구조를 알 수 있으니 탈출할 수 있다는 것이었다. 이카로스는 새의 깃털과 밀랍으로 날개를 만들어 미궁 위를 날아오른다.

사실 그리스신화에 나오는 '이카로스의 날개' 이야기는 인간이 갖지 못한 욕망을 나타낸다. 이카로스의 날개는 얼마 가지 않아 태양열에 밀랍이 녹아버려 도로 땅에 고꾸라졌기 때문이다. 그럼에도 인류는 하늘을 나는 꿈을 갈망했다. 천재 레오나르도 다빈치[Leonardo da Vinci]도 인간이 날 수 있기를 바라며 비행 모형을 설계했다. 그러나 사람들은 이를 보며 '악마의 도구'라고 손가락질했다. 사람이 하늘을 난다는 꿈은 그만큼 허무맹랑한 일이었다.

세계 최초로 유인 비행기를 개발한 라이트 형제

1903년 12월 17일, 미국 노스캐롤라이나주 키티호크. 드디어 인간이 동력을 이용한 비행 기계를 타고 날아오르는 데 성공했다. 세 번의 시도 끝에 이뤄진 가장 긴 비행시간은 불과 59초에 불과했지만 어쨌든 라이트 형제가 만든 '플라이어 1호'는 비행에 성공했다.

그동안 높은 곳에서 뛰어내려 비행하는 글라이더나 열기구를 이용한 비행은 있었지만, 동력 기계에 사람이 직접 타고 비행을 한 것은 처

오빌 라이트(Orville Wright), 1871~1948.

음이었다. 신화 속에서나 나오는 이야기를 직접 실천에 옮겨 비행하는 데 성공한 이들의 정체는 자전거포를 운영하던 어느 가난한 형제였다. 에디슨 다음으로 위인전에 많이 나오는 유명한 형제, 라이트 가문의 '윌버'와 '오빌'이 바로 그 주인공이다. 형제가 그동안 숱한 실패와 비난, 조롱과 무시 속에서 이룩해낸 역사적인 순간이었다.

어렸을 때부터 각종 장난감 등을 수리하며 만드는 것을 즐기던 윌버와 오빌은 신문 인쇄소 경영을 거쳐 자전거 수리점을 운영했다. 이들 형제는 평상시에도 기계 만드는 것을 즐기면서 비행 모형 만드는 일에 열중했다. 이들이 비행기를 만들어야겠다고 결심했던 건 독일의 항공 개발자 오토 릴리엔탈Otto Lilienthal 때문인 것으로 알려졌다.

당시 릴리엔탈의 글라이더 비행은 세상을 흥분시키는 대사건이었다. 그는 1891년, 처음으로 사람이 탈 수 있는 글라이더를 발명해 행글

1903년 12월 17일, 첫 유인 동력 비행에 성공한 라이트 플라이어호.

라이더 시대를 열었다. 글라이더 비행은 놀라운 일이었지만, 동력이 없는 비행체였기에 오랜 시간 비행할 수도 없었고 기상 상황에 바로 대처하기도 쉽지 않았다. 릴리엔탈도 돌풍을 만나 추락해 세상을 떠났다.

라이트 형제는 릴리엔탈이 만든 글라이더에 큰 영향을 받고 비행체 연구에 뛰어들었다. 동력원을 비행체에 추가하려고 애쓴 결과, 마침내 안전장치와 가솔린기관을 기체에 장착한 비행기가 완성되었다. 그리고 1903년 12월 17일, 라이트 형제의 첫 비행기 '라이트 플라이어Wright Flyer'가 푸른 상공에 날아오르며 비행에 성공했다.

세계 최초로 무인 동력기를 개발한 새뮤얼 랭글리

라이트 형제의 빛나는 성공 뒤에는 동시대에 비행기를 연구했던 랭글리도 있었다. 그는 당시 명성이 높은 물리학자이자 천문학자 중 한 명이었다. 피츠버그 대학교의 물리학과 교수이자 워싱턴 스미스소니언협회 회장이라는 명망 높은 직책으로 미국 국방성의 든든한 지원을 받았다.

1896년, 그가 세계 최초로 무인 동력기 개발에 성공하자, 사람들은 그가 인류가 하늘을 나는 꿈을 실현해줄 유일한 사람이라고 믿었다. 하지만 그 예상은 보기 좋게 빗나갔다. 1903년 12월 8일, 랭글리가 만든 비행기 '에어로드롬Aerodrome'은 사람들의 시야에서 사라져 강물로 추락

새뮤얼 랭글리(Samuel Langley), 1834~1906.

했다. 그로부터 9일 후 얄궂게도 라이트 형제의 비행기가 비행에 성공했다.

비록 랭글리의 비행기는 실패로 돌아갔지만, 그가 수십 년 동안 비행기 개발을 위해 들인 노력을 생각하면 그를 함부로 실패자라고 비하할 수는 없다. 그는 비행기 연구를 위해 17년 동안 300명의 인력을 동원했다. 그러는 동안 그가 지원받은 돈은 무려 7만 달러에 달했다.

라이트 형제도 805번의 실패 끝에 비행에 성공할 수 있었다. 2012년, 노벨화학상을 수상한 로버트 레프코위츠Robert Lefkowitz가 말한 "성공은 실패의 어머니"라는 명언은 모든 사람에게 적용되지만 이들 형제에게는 더욱 잘 맞는다. 라이트 형제는 랭글리의 실패 원인을 분석하고 자신들이 실패했던 요인들을 복기하며 연구에 매달렸다.

새로운 비행 실험이 끝난 후에도 더 많은 연구를 거듭해나갔다. 그 결과, 아폴로 11호가 달에 착륙하던 감격스러운 순간에 라이트 형제가 만든 플라이어호의 천 조각과 나무 조각이 아폴로 11호에 함께 실리는 영광을 누리게 되었다. 이와 더불어 미항공우주국이 화성에 보낸 소형

헬리콥터 인지뉴이티Ingenuity에도 플라이어의 날개 겉면에 사용됐던 천 조각을 달았다. 랭글리의 연구를 딛고 라이트 형제가 하늘로 날려 보낸 인류 비행의 꿈은 이토록 위대한 업적이었다.

인지뉴이티.

오다가다 줍줍!

억울한 분쟁으로 만신창이가 된 라이트 형제

라이트 형제가 승승장구하자 랭글리의 지지자를 중심으로 한 스미스소니언 협회는 "라이트 형제가 협회 및 랭글리 박사의 연구 성과를 훔쳐 갔다"라고 주장했다. 1년 가까이 각종 수사와 조사에 시달리던 라이트 형제는 랭글리의 비행이 실패한 후에야 무죄를 인정받을 수 있었다. 아니, 애초에 이들이 새뮤얼의 기술을 훔친 것이라면 왜 새뮤얼의 비행기는 추락하고 라이트 형제의 비행기는 성공했겠는가? 하지만 기술의 원천 자체가 전혀 달랐다는 것을 새뮤얼 측은 인정하지 않았다.

인류에게 비행기라는 커다란 선물을 주었지만 정작 두 형제는 그다지 행복하지 못한 삶을 살았다. 윌버의 쓸쓸한 노년과 죽음 뒤에는 조국인 미국의 외면도 한몫했을 것이다. 부와 지위를 가진 랭글리를 추종하던 기득권 세력과 끝까지 싸워야 했던 라이트 형제의 고단함이 느껴져 마음이 씁쓸해진다.

1910년, 라이트 형제의 모습.

지구 극한의 지역에 도전해 전설이 되다

프리드쇼프 난센 & 로알 아문센

남극을 최초로 횡단한 탐험가는? 그 이름도 유명한 '아문센'이다. 그는 인류 최초로 남극점에 선 사나이다. 혹독한 추위와 싸워야 하는 극한의 조건에서 결국 남극 횡단에 성공한 아문센. 그는 1905년, 대서양에서 북극해를 거쳐 태평양에 이르는 북서항로 뱃길을 개척했다. 남극점에 도달한 후 1920년에는 북동항로 개척에 앞장섰다.

이러한 아문센의 전설적인 탐험 신화 뒤에는 자신이 만든 배를 빌려주고 지원을 아끼지 않았던 또 다른 탐험가가 있었다. 바로 난센이다. 난센은 북극점에 가장 가깝게 다가간 최초의 탐험가다. 같은 노르웨이 출신의 두 탐험가가 나란히 북극과 남극에 입성할 수 있었던 것은 누구보다 극지방 탐험에 맞는 철저한 준비성을 갖추고 있었기 때문이었다.

북극점에 가장 가까이 다가간 프리드쇼프 난센

극지방 탐험가들을 보면 존경스럽다. 강추위를 이겨 내며 아무것도

프리드쇼프 난센(Fridtjof Nansen), 1861~1930.

없는 빙판길을 어떻게 횡단한 걸까? 추위와 배고픔, 외로움은 물론 생명까지도 위태로울 수 있는 여정이다. 그런데 무려 지금과는 비교도 할 수 없을 만큼 기술 및 상황이 열악했던 100여 년 전 인류 최초로 북극점에 가기 위해 도전한 남자가 있다. 노르웨이 해양학자 난센이다.

그는 대학 시절에는 동물학을 공부하다 해양학으로 눈을 돌렸다. 그의 눈길이 닿은 곳은 바로 북극이었다. 그가 세운 북극 탐험의 첫 번째 계획은 1888년, 그린란드의 빙원을 스키로 횡단하는 것이었다. 난센과 동료들은 탐험가들이 이제까지 한 번도 성공하지 못한 그린란드 동쪽에서 서쪽으로 횡단한다는 계획을 세웠다. 아무런 안전장비도 없이 스키만으로 빙판길의 대륙을 횡단한다는 것이 과연 가능이나 할까? 그런데 난센은 이 말도 안 되는 일을 해냈다. 스키를 타고 악천후와 싸운 끝에 결국 세계 최초로 그린란드를 횡단한 것이다.

첫 도전에 성공한 그는 다시 한번 북극을 정복하고자 하는 계획을 세웠다. 북극이라는 거대한 종착지에 무사히 도달하기 위해서는 북극 항해에 최적화된 배가 필요했다. 난센은 과거 빙하 속에 갇혀서 더 이상 항해를 하지 못했던 경험을 떠올렸다. 그는 강추위와 매서운 바람, 빙하 등 악조건의 북극을 제대로 탐험하기 위해서는 특별히 극지방 환경에 맞는 배를 만들어야 한다고 생각했다.

그는 배를 바닷물에 얼려 떠오르게 한 다음 바다의 흐름을 타고 북

난센과 아문센의 항해를 도왔던 프람호, 현재 오슬로 박물관에 보관되어 있다.

극에 들어간다는 계획을 세웠다. 탐험팀을 꾸린 난센은 무려 6년 치의 식량과 8년 치의 땔감을 싣고 시베리아 바다 한복판에서 배가 얼어붙기를 기다렸다. '노아의 방주'같이 그의 준비성은 대단했다. 그러나 사람들은 난센의 계획이 정신 나간 짓이라며 매섭게 비난했다. 탐험가들도 마찬가지였다. 그래도 배는 그의 의도대로 흘러가고 있었다.

1893년, 배가 바닷물과 함께 얼어붙었다. 드디어 배와 빙하가 함께 표류하면서 북극으로 향했다. 하지만 북극은 인간을 순순히 허락하지 않았다. 항해가 시작된 지 3년 만에 바다가 얼어붙어 더 이상 배가 움직이지 않았다. 그래도 난센은 포기하지 않았다. 그는 동료와 함께 미리 준비해둔 개 썰매를 타고 직접 도보 횡단에 나섰다. 그들은 프람호에서 내려 24일을 정신없이 달렸다. 그러나 계절이 변하면서 빙하가 녹기 시작했고 바닷물이 녹으면서 발이 묶였다. 오도 가도 못하게 된 이들은 돌로 집을 짓고 북극곰과 바다코끼리를 잡아먹으며 구조를 기다렸다. 바다코끼리까지 잡아먹을 정도니 당시 식량 사정이 얼마나 열악했는지 알 수 있다.

그들이 멈춘 지점은 이제까지 인간이 가본 것 중에 가장 먼 북위 86도 14분이었다. 북극점에 도달하지 못했지만 가장 근접하는 데 성공했다. 빙하 외에는 풀 한 포기 없는 극지방 한복판에서도 포기하지 않고 북극점에 최대한 다가갔던 근성이 정말 놀랍다.

남극을 최초로 횡단한 로알 아문센

지나가던 영국 탐험대 배에 구조되어 살아 돌아온 난센과 동료는 노르웨이에 도착하자마자 국민 영웅으로 추앙되었다. 난센은 이번엔 남극으로 눈을 돌렸다. 하지만 어느 날 자신을 찾아온 젊은이에게 남극 탐험의 기회를 양보했다. 그리고 그에게 프람호까지 빌려주며 물심양면 지원했다. 바로 이 젊은이가 훗날 남극을 최초로 횡단한 아문센이다.

아문센은 의학을 포기하고 탐험가의 길로 나선 전도유망한 젊은이였다. 그는 일등 항해사가 되어 남극대륙을 누볐다. 그는 수많은 고생과 실패 끝에 1903년, 북극 탐험 길에 올라 자석상의 북극의 위치를 확인했다. 서북 항로를 개척하고 북극점을 정복하기 위한 시동을 걸던 참이었다.

하지만 북극점을 향한 도전은 아문센보다 미국의 로버트 피어리Robert Peary가 한발 먼저 앞섰다. (1996년에 발견된 피어리

로알 아문센(Roald Amundsen), 1872~1928.

의 새로운 일지를 검토해본 결과 북극점에서 40킬로미터 못미친 지점까지만 도달한 것으로 밝혀졌다.) 아문센에게는 이제 남극점 정복의 기회밖에 남지 않았다. 아문센은 탐험가로 명망 높은 난센을 찾아가 자신에게 남극을 탐험할 기회를 달라고 했다. 아문센은 난센이 건조한 프람호를 빌려달라는 부탁도 서슴없이 했다. 난센 입장에서는 어이없는 소리일 수도 있었다.

북극점 정복을 코앞에 두고 놓친 난센에게 남극점 정복은 인생의 새로운 목표이기도 했을 것이다. 하지만 난센은 이 젊은 탐험가의 야망을 받아들이고 흔쾌히 지원을 약속했다. 영웅이 영웅을 알아본 것일까? 아문센의 요구에 난센은 총력을 기울여 그가 남극을 횡단할 수 있

영화 〈아문센〉의 한 장면, 아문센과 탐험대는 혹독한 극한의 환경을 이기고 남극점 도달에 성공한다.

도록 도왔다. 우리가 알고 있는 아문센의 신화는 난센의 도움이 있었기에 가능했다.

난센은 준비성이 철저한 사람이었다. 그는 언제나 철두철미하게 대책을 마련해두고 탐험에 임했다. 그만큼 극지방 탐험은 언제 어떤 일이 벌어질지 모르는 위험이 도사리고 있기 때문이었다. 아문센 또한 평상시에 늘 만반의 준비를 할 것을 당부했다. 아문센은 "승리는 준비된 자에게 찾아오며 사람들은 이를 행운이라 부른다. 패배는 미리 준비하지 않은 자에게 찾아오며 사람들은 이것을 불운이라 부른다"라는 명언을 남겼다.

하지만 준비성을 강조한 두 영웅의 마지막은 사뭇 달랐다. 아문센의 마지막은 충분히 준비하지 못한 상태에서 급박하게 이뤄졌다. 그는 조난된 북극 탐험대의 동료를 구출하기 위해 무작정 비행기에 올랐다. 그러다 실종되어 영영 돌아오지 못했다.

아문센이 평소 하던 말대로라면 그는 준비성이 부족한 패배자인 셈이다. 하지만 아문센이 실종된 사건은 촌각을 다투는 상황에서 친구이자 동료를 구하고자 급히 뛰어들었다가 벌어진 비극이었을 뿐 패배자라고 보기 어렵지 않을까? 이성보다 감정이 앞설 수밖에 없는 상황이었을 것이다.

또 다른 영웅 난센은 탐험 이후 새 삶을 살았다. 그는 중년 이후 빈민과 난민 구제를 위해 힘썼다. 그는 난민 구제에 기여한 인도주의자로서 공로를 인정받아 1922년, 노벨평화상을 수상했고 1930년, 노르웨이 국민의 존경을 받으며 서재에 앉아 편안히 영면했다. 그의 나이 69세였다.

같은 목적지를 향해 일생을 바쳤지만, 완전히 다르게 생을 마감한 두 영웅. 이들의 상반된 인생은 우리에게 많은 것을 시사한다. 큰일에 나설 때는 한 발자국 물러서서 보는 것이 필요하다는 것. 또 항상 준비하고 계획하며 때를 기다리는 이에게 기회가 온다는 사실을 말이다.

오다가다 줍줍!

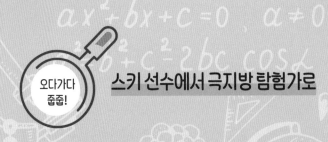

스키 선수에서 극지방 탐험가로

난센은 노르웨이의 명망 높은 대탐험가로 알려져 있다. 난센이 자란 동네는 눈이 많이 오는 산악지대였다. 난센은 두 살 때 스키를 배웠고 어려서부터 여름에는 수영과 낚시를 즐겼다. 자라면서 로빈슨 크루소처럼 극한의 상황에서도 생존할 수 있는 법을 자연스레 배웠던 셈이다. 한편 난센은 18세 때 전국 크로스컨트리 스키 선수권 대회에서 우승할 정도로 스키 실력이 뛰어났다.

성인이 된 후 탐험가의 피가 끓어 박사학위 논문을 제출한 다음 탐험 대원들과 함께 스키로 그린란드를 탐험하기로 결심했다. 침낭과 식품 등 짐을 경량 썰매에 싣고 스키로 그린란드를 횡단하겠다는 계획이었다. 그의 바람대로 난센은 결국 그린란드를 최초로 횡단한 위인이 되었다. 스키 선수였던 난센이 위대한 탐험가로 탄생하는 서막이었다.

1889년, 아내 에바 난센과 함께.

참고 자료

참고 문헌

- A Research Unix reader: annotated excerpts from the Programmer's Manual, McIlroy, M. D, 1971–1986 (PDF) (Technical report), CSTR. Bell Labs. 139. 1987

- Darwin's Rival: Alfred Russel Wallace and the Search for Evolution, Christiane Dorion, Walker Books, 2020

- David L. Chaum, (1981), Untraceable electronic mail, return addresses, and digital pseudonyms, Publication History, DOI:10.1145/358549.358563, David L. Chaum, (1981),

  Available at : https://dl.acm.org/doi/pdf/10.1145/358549.358563

- Einstein's mistakes, Weinberg, Steven, doi:10.1063/1.2155755, by Steven Weinberg, Physics Today, 2005,

  Available at : https://physicstoday.scitation.org/doi/10.1063/1.2155755

- Einstein and Lemaître: two friends, two cosmologies..., Lambert, Dominique (n.d.), Interdisciplinary Encyclopedia of Religion and Science. Retrieved 12 July 2021.

  Available at : https://inters.org/einstein-lemaitre

- Freedom and Necessity in the Sciences, audio and documents from a lecture at Dartmouth College, 1959,

  Available at : https://www.dartmouth.edu/library/digital/collections/lectures/oppenheimer/index.html

- Georges Lemaître, Archived from the original on 14 April 2011,

  Available at : https://web.archive.org/web/20110414003247/http://www.uclouvain.be/en-316446.html

- How Ada Lovelace, Lord Byron's Daughter, Became the World's First Computer Programmer, MARIA POPOVA,

  Available at : https://www.themarginalian.org/2014/12/10/ada-lovelace-walter-isaacson-innovators

- Lambert, Dominique (1997), Monseigneur Georges Lemaître et le débat entre la cosmologie et la foi (à suivre), Revue Théologique de Louvain (in French). 28 (1): 28–53. doi:10.3406/thlou.1997.2867. ISSN 0080-2654,

  Available at : https://www.persee.fr/docAsPDF/thlou_0080-2654_1997_num_28_1_2867.pdf

- Nobel Prize: Facing the Reality of Black Holes, Physics 13, 158, 2020,

  Available at : https://physics.aps.org/articles/v13/158

- Oral history interview transcript for Niels Bohr, American Institute of Physics, Niels Bohr Library & Archives, 1962

  Available at : https://www.aip.org/history-programs/niels-bohr-library/oral-histories/4517-2

- Roentgen's Discovery of X-Rays, Alan Chodos, APS physics, 2001,

  Available at : https://www.aps.org/publications/apsnews/200111/history.cfm,

- Solid-State Physicist, Biography of William Shockley, Gordon Moore, TIME, 1999,

  Available at : https://web.archive.org/web/20071016213117/http://www.time.com/time/magazine/article/0,9171,990623,00.html

- Sergei Korolev: the rocket genius behind Yuri Gagarin, Robin McKie, THE GUARDIAN, 2011,

  Available at : https://www.theguardian.com/science/2011/mar/13/yuri-gagarin-first-space-korolev

- Look, Brandon C, Gottfried Wilhelm Leibniz. In Zalta, Edward N. (ed.). Stanford Encyclopedia of Philosophy,

  Available at : https://plato.stanford.edu/entries/leibniz-logic-influence/

참고 사이트

- An Interview with Frank Drake, Available at : https://www.youtube.com/watch?v=HPQz-kdax
- Dmitri Mendeleev's official site, Available at : https://www.dmitrimendeleev.com/
- Dirac equation, Available at : https://www.mathpages.com/home/kmath654/kmath654.htm
- Dennis M. Ritchie, Available at : https://www.bell-labs.com/usr/dmr/www/
- Darwin, Available at : https://www.lib.cam.ac.uk/collections/departments/manuscripts-university-archives/significant-archival-collections/darwin
- Darwin Correspondence Project, Available at : https://www.darwinproject.ac.uk/
- Feynman diagram, Available at : http://www.quantumdiaries.org/2010/02/14/lets-draw-feynman-diagams/
- Georges Lemaître, at Find a Grave, Available at : https://www.findagrave.com/memorial/39553567/georges-henri_joseph_%C3%A9douard-lema%C3%AEtre
- Nobel Prize, Available at : https://www.nobelprize.org/prizes/
- The Alfred Russel Wallace Correspondence Project, Available at : https://wallaceletters.myspecies.info/content/homepage
- Wallace Online, Available at : http://wallace-online.org/
- The Newton Project, Available at : https://www.newtonproject.ox.ac.uk/texts/newtons-works/all
- Newton's papers in the Royal Society's archives, Available at : https://makingscience.royalsociety.org/s/rs/people/fst01801333
- Oxford Mathematician Roger Penrose jointly wins the Nobel Prize in Physics, Available at : https://www.ox.ac.uk/news/2020-10-06-oxford-mathematician-roger-penrose-jointly-wins-nobel-prize-physics
- Ramanujan, Available at : https://writings.stephenwolfram.com/2016/04/who-was-ramanujan/
- Roger Penrose interview, Available at : https://www.youtube.com/watch?v=zN5eLsl_Tuo
- Stephen Hawking Official website, Available at : https://www.hawking.org.uk/
- The Carl Sagan Portal, Available at : https://carlsagan.com/

- Thomas Edison, Available at : https://www.nps.gov/edis/index.htm
- The Wright Brothers, Available at : http://www.nasm.si.edu/wrightbrothers/index_full.cfm
- William Shockley Biography, Available at : https://ethw.org/William_Shockley, ETHW, 2018
- Ornithoptera croesus at Ngypal, Available at : http://www.nagypal.net/ttcroesu.htm
- Böhm, M. (2018). "Ornithoptera croesus". IUCN Red List of Threatened Species. 2018: e.T15517A727365. doi:10.2305/IUCN.UK.2018-1.RLTS.T15517A727365.en. Retrieved 18 November 2021.
- Butterflycorner.net Images from Naturhistorisches Museum Wien (English and German), Available at : http://en.butterflycorner.net/Ornithoptera-croesus-Wallace-s-Golden-Birdwing-Goldroter-Vogelschwingenfalter.940.0.html
- Eventhorizontelescope Official website, Available at : https://eventhorizontelescope.org/
- Event Horizon Telescope's channel on YouTube, Available at : https://www.youtube.com/channel/UC4sltzYomoJ6Flt0aDyHMOQ
- Higgs Boson, BBC Radio 4 discussion with Jim Al-Khalili, David Wark & Roger Cashmore (In Our Time, 18 November 2004), Available at : https://www.bbc.co.uk/programmes/p05yd8ss
- Finding Aid to the George Washington Carver Collection. Special Collections Department, Iowa State University Library, Ames, Iowa, Available at : https://findingaids.lib.iastate.edu/spcl/arch/rgrp/21-7-2.html
- AAREG, Available at : https://aaregistry.org/story/george-washington-carver-recognition-day-celebrated/
- Tetrahymena Stock Center at Cornell University, Available at : https://tetrahymena.vet.cornell.edu/
- Dorothy Hodgkin on Nobelprize.org Edit this at Wikidata including the Nobel Lecture, December 11, 1964 The X-ray Analysis of Complicated Molecules, Available at : https://www.nobelprize.org/prizes/chemistry/1964/hodgkin/facts/
- Four interviews with Dorothy Crowfoot Hodgkin recorded between 1987 and 1989 in partnership with the Royal College of Physicians are held in the Medical Sciences Video Archive in the Special Collections at Oxford Brookes University:
- Professor Dorothy Crowfoot Hodgkin OM FRS in interview with Sir Gordon

Wolstenholme: Interview 1 (1987), Available at : https://radar.brookes.ac.uk/radar/items/4be6bebc-b79a-4d6e-913b-9319eb830419/1/

- Professor Dorothy Crowfoot Hodgkin OM FRS in interview with Max Blythe: Interview 2 (1988), Available at : https://radar.brookes.ac.uk/radar/items/1dc63b61-33ee-4fe3-9b57-ad64d05b6ed6/1/

- Professor Dorothy Crowfoot Hodgkin OM FRS in interview with Max Blythe: Interview 3 (1989), Available at : https://radar.brookes.ac.uk/radar/items/450f1da5-4a0a-46ed-a5ae-e9e7f511393e/1/

- Professor Dorothy Crowfoot Hodgkin OM FRS at home talking with Max Blythe: Interview 4 (1989), Available at : https://radar.brookes.ac.uk/radar/items/d1848ce3-8da1-443e-9b8d-9bd718a3d75e/1/

이미지 출처

퍼블릭 도메인(Public domain)
위키피디아(ko.wikipedia.org)
저자 일러스트레이션(Illustration)

** 본 책에 사용된 이미지는 저작권이 자유로운 자유 이용 저작물을 사용하였으나
저작권자가 확인되지 않은 이미지의 경우 추후 저작권자 확인 후 절차에 따라
저작권 계약을 진행하겠습니다.

빅지니어스: 천재들의 기상천외한 두뇌 대결

1판 1쇄 발행 2022년 10월 26일
1판 3쇄 발행 2023년 12월 30일

지 은 이 김은영
펴 낸 이 신혜경
펴 낸 곳 마음의숲

대 표 권대웅
편 집 최은경
디 자 인 김은아
마 케 팅 노근수

출판등록 2006년 8월 1일(제2006-000159호)
주 소 서울시 마포구 와우산로30길 36 마음의숲빌딩(창전동 6-32)
전 화 (02) 322-3164~5 팩스 (02) 322-3166
이 메 일 maumsup@naver.com
인스타그램 @maumsup
용지 (주)타라유통 인쇄 · 제본 (주)에이치이피

ISBN 979-11-6285-128-9 (43400)

*값은 뒤표지에 있습니다.